『現代林業』法律相談室

北尾哲郎 著
Tetsuro kitao

林業改良普及双書 No.190

はじめに

『現代林業』に掲載した法律相談を、いくつかの分野に分けて一冊にまとめました。ご相談の内容を見ておりますと、種々様々なものが混じっているように思えますが、林業に従事しておられる方々が直面するお悩みには、そのお立場上自ずから共通するものがあるように思われます。もし、ご相談に応ずることによって幾分かでもお悩みの解消のお役に立てたとすれば、ご相談者だけでなく、似たようなお悩みをもつほかの方々にも、同じような効果が期待できるかも知れません。

しかし、そのようなお悩みをもたれた方が、『現代林業』の何号に似たような相談が載っていたかを思い出すことは、とてもできるものではありません。こうして一冊にまとめたうえでお手許に備えておけば、いざというときに、「過去に似た相談があったなあ」という記憶だけを頼りに必要とする回答にたどり着くことができましょう。また、これまでの『現代林業』をお読みになっておられない方々も、相談事例がまとまっていれば、目の前に現れた問題の解決策を考えるときにスムーズに作業を進めることができるかも知れません。

以上のようなことでお役に立つことがあれば、双書としていただくにはいささか面映ゆくはありますが、一冊にまとめることには価値があると思われます。本書をお手許にお置きになって、「この問題について弁護士はどんな考え方をするのだろう?」と気に掛かったときには、是非ページを開いていただきたいと存じます。

一冊にまとめるという企画を立て、相談内容の選択や配列に気を配り、校正に細かい神経をお遣いくださった編集部の方々の労がなければ、本双書は到底日の目を見ることはありませんでした。ここに記して御礼とさせていただきます。

2019年1月

北尾哲郎

目次

共有林

損害賠償と損失補償

Q 大型の台風によって所有森林が崩落し、隣地の住宅地に土砂が流入してしまいました。私の経費負担で土砂を撤去しなければならないのでしょうか。

Q 所有森林に自生している天然アカマツが枯れ、隣接する住宅の所有者から伐採・撤去を求められて困っています。

売買契約ほか

Q 山林の売り主から、公簿面積より実測面積のほうが広いので追加代金を支払うよう要求されましたが、支払う必要がありますか。

Q 山林を買い、その山林に生育しているスギの木を伐採しようとしたところ、売り主からスギは売っていないと言われました。スギを伐採してもよいのでしょうか。

Q スギを伐採したら必ず植林するという約束をしたスギ山の買い主に、約束を守らせる方法がありますか？

その他の制度、手続き等

紛争予防と解決法

境界問題

Q 隣接山林との境界を確定したいと思っていますが、どうしたらよいでしょうか。

私の隣接山林の所有者Aさんは15年前に他界し、妻のBさんは郷里を離れた長男と同居するようになりました。Aさんには長男のほか次男と長女がいますが、それぞれ郷里を離れています。山林の登記は死亡したAさんのままになっていますが、相続人全員が郷里を離れているので、山林の所有者はいわゆる不在地主となっています。

一方、私の息子も都会に出ていて林業に従事していませんので、このままですと私所有の山林と隣接山林の境が不明になることが懸念されます。そこで、隣接山林の所有者立会いの上で境界を確定しておきたいと思っています。

次のような点は、どのように考えておいたらよいでしょうか。

①境界確定には、相続権者全員の立会いが必要でしょうか。Bさんと同居して扶養しているの

は長男なので、次男、長女は山林を相続しないと見込まれますが、「家督」を継いでいる長男だけではいけませんか。また、現時点では相続の意思がないということを次男、長女が表明した文書を得た場合はいかがですか。

②長男は、山林自体に関心がなく、現地に来るまでの交通費及び日当がもらえれば立ち会ってもよいといっています。境界確定を求めるのは私のほうですが、言われるような経費を負担する義務がありますか。

③私の山林は間伐も行っており、林相が隣接山林と明らかに違っています。このまま維持管理を行った場合、一定年数が経過すれば、境界の異議申立てがあっても対抗できると聞いていますが、いかがでしょうか。

A　境界確定は相続権者全員の立会いで。維持管理による林相の違いも重要な要素に。

Q１　相続権者全員の立会いが必要でしょうか？

A　原則は全員の立会いが必要です。代表者に立ち会ってもらうなら、他の所有者から委任状を出してもらいましょう。

1、本件では、登記簿上の所有者が15年前に死亡しているとのことですから、相続人の間で遺産分割手続きがなされている可能性もあります。そこで、まず、現在の所有者は誰かを確認する必要があります。登記簿などを見ても確認できませんから、直接Aさんの長男に確認するしかないでしょう。

遺産分割手続きが済んでいる場合には、分割によって所有者となった相続人と境界確定について協議をすることになります。

なお、戦後「家督」相続という制度は廃止されましたから、念のため申し添えます。

2、遺産分割手続きがなされていなかった場合には、原則として、相続権者全員の立会いが必要です。

相続権者全員が立ち会うのは、実際問題としてなかなか大変です。そこで、現時点で相続の意思がないことを次男、長女が表明した文書を受け取ることによって、その人達の立会いに代えることができないかとお考えになったのでしょう。しかし、まず、「現時点で」相続の意思がないということの意味がはっきりしません。将来気持ちが変わることがあるという意味のようにも思えます。したがって、このような文書を受け取ったとしても、相続関係が確定したと判断するわけにはいきませんから、将来の紛争を防ぐという意味では、あまり役に立つ文書ではないということになりましょう。

3、ところで、民法は、相続放棄は、自分のために相続の開始があったことを知った時から3ヵ月以内にしなければならないと定めています。Aさんは15年も前に亡くなっているのですから、次男、長女は今の時点ではもう放棄をすることはできません。したがって、相続の意思がないことを表明した文書を作成しても、それは相続放棄ということにはなりませんので、次男、長女が相続権者であることに変わりはないということになります。そうであれば、原則に戻って、相続人全員の立会いが必要ということになります。

もし、長男のみに立ち会ってもらうのであれば、他の相続権者であるBさん、次男、長女から、「Aさん所有名義の隣接山林とあなた所有の山林との境界を確定することについて」と明記し、長男を代理人と指定する委任状を得ておく必要があります。将来の争いを防ぎ、きちんとした処理をするには、その委任状には、委任する3人が署名して実印を押印し、印鑑証明書を添付しておくのが確実な方法です。

Q2　立会い経費を負担しなければなりませんか?

A　負担する法的義務はありませんが、地方の慣習や実際上のスムーズな進行を図る意味で、

負担を検討してもよいでしょう。

1、境界の確認は、所有する土地の管理の一環として行うものですから、その経費は、原則として、それぞれの土地所有者の自己負担と考えるべきです。民法も、境界を確定して境界標を設置したり保存したりする費用は相隣者が等しい割合で負担し、その際の実測費用は土地の広狭に応じて分担することとしていますが（224条）、このことからも相隣関係にある土地に関して生じた費用の負担原則がわかると思います。

また、日当についても、あなたが負担する法的義務はありません。

2、ところで、民法をはじめとする各種法律には、隣接する土地の境界確定に立ち会う協力義務を定めた規定はありません。したがって、境界確定のための立会いは、あくまでも隣接所有者の任意の協力を得るという関係でしかありません。このようなことから、立会いをお願いした隣地所有者に謝礼を渡す慣習のある地域もあるようです。

3、隣地所有者の立会いを欠いたまま測量しても、境界の確認としては無意味ですから、なんとか隣接山林の所有者に立ち会ってもらわなければなりません。Aさんの長男が不在地主で、旅費・日当をもらえれば立ち会ってもよいといっているような時や、そのような要求はないが立会いのために多額の交通費が必要な場合などには、境界確認を求めたあなたが交通費等を負担することを考えてもよいのではないかと思います。

Q3　林相の違いをもって境界の異議申立てに対抗できるでしょうか?

A　林相の違いは境界確定のための重要な要素となります。きちんと維持管理し、場合によっては時効取得を主張してもよいと思います。

1、境界に関する紛争を解決する制度としては、これまで土地所有権の範囲の確認を求める調停と境界確定訴訟がありました。最近、これらに加えてADR（裁判外紛争解決手続）や筆界特定制度（不動産登記法123条以下）が新設されましたが、これら新たな制度による解決に不服がある場合には、従来通り境界確定訴訟を提起するしかなく、特に異議申立手続は設けられていません。

2、ところで、山林は、山の稜線・谷筋、道路、河川等のほか、林相、樹種により区分されます。また、土地所有権の範囲の確認を求める調停においては、①占有状況、②公簿面積との関係、③公図その他の地図、④境界木または境界石、⑤地形（道路、自然道、尾根、崖、谷 等）、⑥林相（植林の状況 樹齢、種類、植林の時期）、⑦両地の面積比率等を資料として、所有権の範囲の認定（＝境界の認定）を行うものとされています。これらの基準は、当然訴訟においても重視されることになります。

3、そこで、間伐等によって林相が異なっていることは、それだけでも意味があるということになりますし、そのことから占有状態がどのようなものかも判断されることになるでしょう。山林の境界確定訴訟では、現実の占有状態によって境界が確定されるケースも多く、手入れによって林相が異なるようになっていることが境界を確定する際にきわめて有用であることは、疑いの余地がありません。

また、山林について普段の維持管理をきちんと継続することは、紛争の予防にも効果的と言えます。

4、あなたは、現在占有している山林を相当長期間にわたって維持管理してきたようですが、隣接山林の所有者と境界を確認することをしなかったので、境界近辺の地域がどちらの所有であるかがはっきりしていないと心配されているわけです。

民法は、そのような場合の解決方法として、「10年または20年間、所有の意思をもって平穏かつ公然と他人の物を占有した者は、時効によって所有権を取得する」という制度を設けました（162条）。時効取得は、他人の土地の一部についても認められていますから、境界を越えた占有を一定期間継続することにより、その越境部分を時効によって取得することがあります。ただし、取得するのはあくまで他人の土地であって、元々の境界が移動するわけではありません。

時効によって取得した所有権を第三者に対抗するためには、時効取得を原因とする分筆登記手続及び所有権移転登記手続を求める訴えを提起し、判決による分筆登記・所有権移転登記手続をする必要がありますので、ご注意なさってください。

Q 隣接の山林主と境界でもめており、話し合いも応じてくれません。法的に解決するにはどのような方法がありますか。それに要する費用の目安も含めて教えてください。

私は、10年程前に山林を購入し所有しています。その後、数年経って、同じ町に住んでいる人が私の山林に隣接する山林を購入しました。

ところが、彼の主張する彼の山林と私の山林との境界は、私がこの山林を買い受けた時に指示された境界から大きく私の山林の内側へ入り込んでいます。私は周囲の山の事情に詳しい人にも出てもらい現地で解決しようと、再三彼に立会いを求めましたが、彼はその主張を変えようとしません。話し合いによる円満解決は到底無理な状況です。

そうであれば、法律にしたがって解決を図る以外に方法はないと思いますが、法的解決の方法とその手順や費用について教えてください。

A

裁判所に提起する境界確定訴訟か、法務局に申し出る筆界特定制度を利用することになります。裁判所や法務局に納めるのは数万円ですが、測量や鑑定費用、弁護士に依頼する場合には弁護士費用が必要になります。

土地の境界とは

さて、今回は、境界の争いを法的に解決するにはどうすればよいかというご相談です。そもそも、土地の境界とは、どのようなものなのでしょうか。

土地の境界は、地面に書いてあるわけではありません。隣り合う2筆の土地も物理的には繋がっている一体の連続した地面です。これが、人為的に区画されることで1筆の土地になります。この人為的な区画は、不動産登記法にしたがって登記されることによってなされます。ですから、土地の境界すなわち筆界（公法上の土地の境界）は、1筆の土地として登記されることによって客観的に定まるのです。

その意味で、筆界を定め、または変更するには、登記という手続きを経なければなりません。そのため、土地の境界を定めたり、移動させたりしようと当事者間で合意しても、そのことで当然に定まったり、移動したりするものではありません。もちろん、一方が越境して使用しているという場合に、越境されている側で異論をとなえないため、事実上問題にはなっていないということもあるでしょう。越境している部分について既に売買や贈与によって所有権が移転しているという場合もあるかもしれません。しかし、そのような場合でも、もともとの境界が移動することはありません。

土地の境界を変更するには、あくまで、登記官が、当事者の申請によって合筆と分筆という手続きを行わなければならないからです。

まずは図面を確認しましょう

不動産登記法では、法務局に正確な図面を整備することとされており、現在、国土調査による地籍図とよばれる図面の整備が進められています。この図面のことを14条地図と呼ぶことがあります。この地図は、しっかりと測量して作成されたものですが、全ての土地に14条地図が存在するわけではありません。14条地図が整備されていないところでは、暫定的に公図と呼ばれる図面が使われています。

公図は、明治時代の地租改正の際に作成された図面をもとにしたものです。そのため、当時の測量技術にばらつきがあったり、山林や原野については見取図のようなもので済ませていたり、税金を少なくするために過小に測定していたりして、正確に測定された図面でないことが往々にしてあります。そのため、公図は当てにならないことが少なくありません。しかし、いずれにせよ、問題となっている土地の図面を確認する必要があります。

その上で、隣地所有者がどのような理由であなたと異なる境界を主張しているのかを聞いてみる必要があるでしょう。

また、もともとのその土地の来歴を調べることも有用です。もしかしたら、もともとは1筆の土地が分筆された可能性もあります。

以上のことを前提に、隣地との土地の境界を法的に解決する方法としては、裁判所に対して、筆界の確定を求める訴えを提起する方法があります。また、平成18年から導入された筆界特定制度を利用する方法もあります。

境界確定訴訟

隣接する土地の境界に争いが存する場合に、裁判所の判決により、土地の境界を確定して紛争を解決する方法があります。境界確定訴訟の手続きは、民法や民事訴訟法などの法律に明確に規定されているわけではありませんが、判例上、認められています。

境界確定訴訟は、境界の確定を求める一方の土地の所有者が原告となり、隣接する土地の所有者を被告として裁判所に対して筆界の特定を求める訴訟を提起して行います。

裁判所は、原告と被告の主張するいずれかの境界が真の境界であるか検討し、いずれかの主張する境界が正しいと判断した時はその境界を、いずれの主張も真の境界ではないと判断した時は、裁判所が妥当と考える境界線を真の境界であるものとして確定します。境界を定めるに当たっては、裁判所は、係争地の現実の使用状況として、地形、塀、溝の位置、耕作の状況、林相などを調べ、境界標識や登記簿、14条地図や地積測量図、公図など、様々な事項を参考にします。

先ほど述べたように、もともと境界は当事者間の合意によって決められるものではありませんので、和解によってこの訴訟を終了させることはできません。

なお、訴訟費用は、訴訟の目的たる価額をもとに決められます。境界確定訴訟では、双方が主張する境界に挟まれた部分（係争土地）の価額を基準に算定されます。例えば、係争土地の価額が200万円であれば1万円です。その他、訴訟の進行に合わせて測量や鑑定の費用が必要になる場合もあります。

また、弁護士に手続きを依頼する場合には、弁護士費用が必要になりますが、これは個々の弁護士によって異なりますので、依頼しようとする弁護士とよく相談してください。

筆界特定制度

筆界特定制度は、平成18年度から開始されました。この制度は当事者の申立てにより、公的機関である筆界特定登記官が筆界について一定の判断を示す制度です。

裁判と違って、当事者が対立する構造ではありません。あくまで、公の機関が必要な資料を収集し、公的な判断が示されるところに特徴があります。測量のほか、筆界特定に必要な実際の調査は、弁護士や土地家屋調査士、司法書士などの有資格者の中から指定される筆界調査委員が行います。現地調査では、申請者と関係者に立ち会う機会が与えられますが手続きの当事者ではありませんので、立ち会いがないからといって筆界特定ができないわけではありません。また、申請人及び関係者には、意見聴取の機会や資料提出の機会が与えられます。

以上の手続きを経て、筆界調査委員が意見書を作成し、この意見書を踏まえて筆界特定登記官が筆界特定所を作成します。

筆界特定は、過去に定められた真の境界を認定するものですから、調査を尽くしても筆界が不明である時には、具体的な境界が定められず、その範囲を特定するにとどまる場合がありまｓ。

なお、申請手数料は、対象となる双方の土地の価額によって決められます。例えば、申請人の土地の価格が3000万円で、相手方の土地の価格が4000万円の場合、申請手数料は1万1200円です。その他、手続きの費用としては、測量や鑑定の費用が必要になります。

境界確定訴訟と筆界特定制度の関係

筆界特定登記官による筆界特定の結果は、過去に一筆の土地として形成された筆界を再確認する事実行為にすぎません。行政処分としての法的効力がありません。判断に不満がある時は、いつでも前述の境界確定訴訟を裁判所を提起することで筆界の確定を求めることができます。そして、境界確定訴訟の結果、筆界特定登記官による筆界特定は判決と一致しない範囲で効力が失われます。境界確定訴訟が提起された場合で、筆界特定がされている時は、裁判所は筆界特定に関する記録の送付を求めることができますので、筆界特定手続における資料は、境界確定訴訟においても利用されることになります。

他方、境界確定訴訟の判決が確定した場合には、筆界特定の申し立てはできません。

Q 境界が不明な山林で、間伐などの作業をしようと思いますが、何に気をつければよいでしょうか。

1人暮らしをしていた故郷の母が亡くなったために、3年前にUターンして、約3haのスギ林を相続しましたが、この間ほとんど手を入れていません。そこで、今年の秋から間伐などの手入れを始めようと思いますが、隣の山林との境界が不明確です。隣接所有者に連絡を取ろうとしましたが、所在が不明なままです。

ただ、だいたいの境界は亡くなった母や近所の方から聞いていましたし、仮に境界設定を誤ることがあったとしてもスギ1列とか2列程度と思いますので、作業に取りかかろうと思いますが、どうでしょうか？

噂によると10年手入れをして隣の所有者から何も連絡等がなかったら大丈夫だと聞きましたが、アドバイスをお願いします。

A 14条地図との対照、筆界特定制度など、隣地所有者が所在不明な状態でも利用可能な方法で、できるだけ境界をはっきりさせるよう手を尽くすのがよいでしょう。

難しい境界線の明確化

先祖代々山林を受け継ぎ、長年その近くで暮らしていて山に慣れ親しんだ人であれば、どこからどこまでが自分の山林であるか把握できていることでしょう。しかし、ご相談の事例のように、山林を手入れしていたお母様は既に亡くなられ、その相続人であるあなた自身は地元を離れて暮らしていたという事情の下では、あなたが独力で隣地との境界を正確に特定することは極めて難しいと言わざるを得ません。

このような場合にどのような問題があるのか、見ていくことにしましょう。

境界不明のまま手入れを始めることの危険性

生前のお母様や近所の方の話からだいたいの境界はわかっているとのことですから、隣の山林との境界が曖昧な部分を除いた、確実にあなたが所有する山林であるとわかっている範囲においては、間伐などの作業に取りかかっても何ら問題はありません。問題なのは、やはり隣の山林との境界が明確になっていない部分についてです。

土地の所有者は、土地に「従として付合した物」についても所有権を有しているとされていますので（民法242条）、隣地所有者は、通常、隣地上に生えている樹木についても所有権を有しています。したがって、あなたが隣地の上に生えている樹木まで伐ってしまったら、隣地所有者の樹木に対する所有権を侵害したことになってしまいます。もし、あなたが、隣地山林との境界確認を怠ったまま隣地の樹木を伐採したとすれば、そのような行為は、不法行為に基づく損害賠償請求（民法709条）の対象になってしまいます。そして、仮に、噂を信じて、樹木が隣地所有者の所有物であっても10年経てば大丈夫だと安易に考えて伐ったということになると、窃盗罪（刑法235条）に問われる可能性さえあります。「境界はこの辺りのはず」という曖昧な状態で境界付近の手入れを始めてしまうことには、危険性があるのです。

ご相談の事例のように、たとえ現在のところ隣地所有者が所在不明であったとしても、いつ現れるかわからないのですから、このように法的責任を問われる恐れがある行為はできる限り避けるのが賢明です。したがって、隣の山林との境界を確定する努力をすることが重要なのです。

14条地図との照合

境界確定の方法としてまず考えられるのは、隣の山林の所有者や、場合によっては山林の事情に詳しい地元の方なども交えて現地立会いを行い、境界を確認するという方法です。しかし、ご相談の事例のように隣の山林の所有者が所在不明の場合には、このような方法を採ることはできません。

そこで、そのような場合に境界を確定する方法として考えられるのは、14条地図（地籍図）を利用する方法です。各地方自治体では、国土調査の1つとして、土地の所有者、地番、地目を調査し、境界の位置と面積を測量する、地籍調査が進められています。この地籍調査が完了した土地については、その土地の所在地を管轄している法務局に14条地図と呼ばれる正確な地図が備え置かれています。この14条地図が作成されている土地であれば、14条地図と現地の状況を対照することによって正しい境界線の位置がわかります。自分で照合しようとしてもよくわからないという場合には、土地家屋調査士等の専門家に依頼すれば、14条地図を基にどこが境界であるかを調べてもらえます。したがって、まず、14条地図が作成されているかどうかをあなたの山林を管轄している法務局に確認してみるのがよいでしょう。

14条地図がない場合

地籍調査は地方によって進捗状況がまちまちですから、14条地図が作成されているとは限りません。ご存知の通り、土地については、公図という図面が法務局に備え置かれているのですが、この公図は、古いものだと明治時代に作成されたものがそのまま使われており、必ずしも正確ではありません。特に山林については、現地の状況とはかけ離れたものも少なくないと言われています。したがって、14条地図が作成されていない山林について公図のみを基に境界を確定することは、難しい場合が多いでしょう。

このような問題点があることは、国や地方自治体も認識していますので、地籍調査を進めて14条地図を作成する作業が進められているわけですが、併せて前段階として、山林の境界をある程度明らかにするための事業も行われています。そこで、自分の山林について14条地図がないという場合でも、何か境界を確定させるために利用できる手続きがないか、市町村や都道府県に問い合わせてみるとよいでしょう。また、森林組合でも、境界確定に関する事業に取り組んでいるところがあります。地元の森林組合に相談してみると、より地元の事情に即したアドバイスを受けられる可能性があります。

筆界特定制度の利用

以上の他に考えられるのが、「筆界特定制度」を利用する方法です。筆界特定制度は、登記されているある土地とその隣の土地との境目となる線「筆界」を明らかにするための制度として、平成18年に導入されたものです。問題になっている土地を管轄している法務局に申請すれば、筆界調査委員と呼ばれる専門家が実地調査や測量を行い、その結果を踏まえて登記官が筆界を特定してくれます。これまで、境界紛争を解決するための制度としては、裁判所に境界確定訴訟を提起するくらいしか手段がなく、時間も費用もかかって当事者にとって大きな負担となっていたところ、筆界特定制度が導入されたことによって、ある程度簡易的に境界紛争に対処することができるようになりました。

この制度は、ご相談の事例のように、隣地の所有者の行方がわからない場合にも利用できますので、あなたの山林を管轄する法務局に筆界特定を申請すれば、登記簿上あなたが所有している山林と隣の山林の境目がどこなのかを調べてくれることになります。

ただし、筆界特定制度では、調査しても筆界を特定できない場合には、「筆界があると考えられる範囲」が示されるだけで終わってしまうこともあります。また、筆界が特定されても法的な強制力があるわけではなく、後に隣地所有者が現れ、筆界特定の結果に不満を持った場合には、境界確定訴訟を提起することもできてしまいます。このように、筆界特定制度は、隣地との境界線を知る目安として有効ではありますが、必ずしも完全な解決手段とは言えないことに注意してください。

しかし、筆界特定制度を利用してまで境界を確認する努力をしたのですから、隣地山林との境界確認を怠ったという過失はないことになりますから、隣地の樹木伐採について不法行為は成立しないということになりましょう。

取得時効の制度について

隣の山林との境界が曖昧な部分については、以上のように、まず隣の山林との境界を確定する努力をするのが原則ではありますが、万一、本来の境界線よりも隣地にはみ出す形で長期間手入れを行ってしまった場合には、どうなるのでしょうか。

民法には、他人の物を長期間にわたって自分のものとして支配した場合には、その物の所有権を取得できるという制度があります（取得時効制度）。その1つとして、「十年間、所有の意思をもって、平穏に、かつ、公然と他人の物を占有した者は、その占有の開始の時に、善意であり、かつ、過失がなかった時は、その所有権を取得する」という定めがあります（民法

162条2項）。10年間手入れして、隣の山林の所有者から何も言ってこなければ大丈夫という話は、ここから来ているものと思われます。

しかし、ここで重要なのは、「占有開始の時に、善意であり、かつ、過失がなかった時は」という部分です。ご相談の事例に即していえば、あなたが、隣の山林の敷地にはみ出して間伐等の手入れを行うようになった際に、そこが自分の山林だと思っており（善意）、かつ、そのことについてあなたに過失がなかった（無過失）ことが必要だということです。したがって、あなたが、隣地であるかもしれないと認識していたり、調べれば隣地であることが容易にわかったはずだという場合には、10年間手入れをしたからといって隣地の所有権を時効で取得することはできませんので、ご注意ください。

Q 隣接する山林の所有者同士が境界について争っていますが、どうすれば正しい境界を決めることができるでしょうか。

隣接する山林の所有者であるAとBは、境界について激しく争っています。ことの起こりは、数年前の台風で地滑りが発生し、それ以前の境界石が崩土とともに崩壊してわからなくなってしまったことでした。２つの山林の実測面積は、登記上の面積より相当に広いようですし、従来境界であると思われていた線の形と公図上の境界線の形が著しく違ってもいます。Ｂは、公図などはそもそも信用できるものではない、境界石は自分が入れたので石を入れた場所はよく覚えている、と言って、従来の境界線があったと思われる場所より大幅にＡの山に入ったところが境界だと主張します。どうすれば正しい境界を決めることができるでしょうか。

A　境界確定訴訟を提起し、裁判所に境界を確定してもらうほか方法はないと思われます。

はじめに

ご相談によりますと、ＡさんとＢさんは山林の境界について激しく争っているとのことですので、２人の話し合いで解決できるとは思われません。公平な第三者に判断をしてもらうしかないと考えますが、その方法としては、①境界を確定するための訴訟を提起して、裁判所に判断してもらう、②筆界特定制度を利用して、法務局所属の筆界特定登記官に筆界を特定してもらう、という2種類があります。このうち筆界特定制度では、特定結果に不満があれば改めて境界確定訴訟を提起できることになっています。本件のように激しく争っているＡさんとＢさんのいずれかは、きっと特定結果に不満を持つでしょうから、訴訟を提起することになるのではないかと思います。

そこで、まず、境界確定訴訟についてご説明し、その後に筆界特定制度についても触れることにします。

境界確定に当たっての判断基準

境界確定訴訟において、どのような根拠に基づいて境界を確定するかの基準は、法律上定められていません。過去の裁判例を見ますと、裁判所は様々な事情を考慮して境界を確定しています。それらの事情としては、

①全部事項証明書（以前登記簿といっていたもの）及びその附属書類の内容
②公図や地図
③対象土地の地形、地目、面積及び形状
④境界標または境界標の代用をしている樹木などの目印
⑤工作物や囲障の状況及びこれらの設置の経緯

などが挙げられます。

ご相談の事例における判断材料

1　境界石があった場所

境界石とは、現地において直接的に境界を示す標識のうち、石を標識としたもののことです。境界標は、境界の特定に際して最も重要な資料の1つとされています。ただし、隣接地所有者が境界石を勝手に設置した場合は、境界を正確に示していないことがありますし、また、一方当事者によって境界石が移動させられてしまうこともあります。したがって、境界石を資料とする場合には、境界石が設置された時期、設置者、隣接者の了解はあったか、移動された形跡はないか、設置場所が公図等の他の資料と整合するか、といった事情を合わせて考慮する必要があります。

ご相談の事例では、Bさんが境界石を設置したというだけでなく、その境界石は崩土とともに崩落して所在がわからなくなってしまっているとのことですから、境界石を判断の根拠に使えない状態になっています。そうすると、Aさん・Bさんの法廷における陳述、全体の地形、両方の山林の登記上の面積比、他の隣接する山林の地形や境界標の代用をしている樹木などの目印などから判断するほかないと思われます。Bさんは、自分が境界石を入れたのだから場所を覚えていると主張しているようですが、この主張はBさんの記憶がその基礎になっているのですから、裁判所の判断の一資料になるに過ぎません。

2 公図

公図は、区画と地番を明らかにするための地図ですが、明治6年に地番が定められた当時に作成された図面を引き継いで作成されたものなので、不正確・不完全な場合もあります。裁判例にも、土地相互間の境界の確定に当たって実際上重視される客観的な資料がいろいろ存在する場合に、そのような資料を一切無視して、公図上の形状に類似する一方当事者の主張を正当とみなすのは妥当ではない、としたものがあります（水戸地裁昭和39年3月30日判決）。

もっとも、公図は、一般に、各土地のおおよその形状、相互の配列状況、道路・河川・水路等の位置関係などについては、信用性が比較的高いと考えられています。そのため、公図と異なる客観的な資料が存在しない場合や、地形が大きく変化したといった事情がない場合には、公図は有力な判断材料になるでしょう。

Bさんの、公図などはそもそも信用できないという主張は、どういうわけで信用できないのかの根拠を挙げて説明しなければ、一般論を述べているだけでは裁判で有利になるとは思われません。信用できない根拠を示すというのは、公図と異なる境界を示す判断材料を提示することにほかなりませんから、Bさんは、もっと具体的に根拠を挙げる必要があります。

3　登記簿

ご相談の事例では、実測面積が登記上の面積よりも相当広いとのことですが、2つの山林の実測面積を登記上の面積の比で分けて、境界確定の判断材料にすることは可能であろうと思います。したがって、実測面積と相当異なる登記上の面積も、境界確定の際の資料となることは十分考えられます。

境界確定訴訟判決の効果

裁判所は、先に述べたような様々な事情を総合考慮して、境界を確定します。裁判所の判決が確定すれば、AさんやBさんが判決結果に不満を持っていても、以後は判決が認定した境界が双方の土地の境界として扱われることになりますので、AさんとBさんの境界線に関する紛争は、解決されたということになります。

筆界特定制度について

境界確定訴訟の他に、境界線を特定する方法として、平成17年に筆界特定制度が創設され、平成18年1月20日から運用が開始されています。

筆界特定制度は、土地の筆界について争いがある場合に、その土地の所在地を管轄する法務局・地方法務局の筆界特定登記官に対して筆界の特定を求めるというもので、裁判ではありません。筆界特定登記官が筆界を特定する際に考慮する事項については、不動産登記法１４３条１項が定めていますが、境界確定訴訟において裁判所が判断の資料とするものと同じです。筆界特定がなされると、対象となった土地の登記記録には、筆界特定がされたということが記録されます。

ところが、筆界特定制度においては、筆界が特定されても裁判のように境界を確定する効力を持ちません。そこで、ＡさんもＢさんも、筆界特定の結果に不満であれば、改めて境界確定訴訟を提起することができます。ただし、境界確定訴訟においては、筆界特定の結果通知は証拠としてかなりの価値を持つことになります。

おわりに

以上の通り、筆界特定結果は、その後に提起されるであろう境界確定訴訟において有力な証拠にはなり得ても、それ自体でＡさんとＢさんとの間の紛争を最終的に解決するものではありません。したがって、本件のような激しい境界争いにおいては、筆界特定制度を利用するとかえって境界を決めるまでに余計な時間や費用がかかってしまうことになると思われますので、最初にご説明した通り、境界確定訴訟を利用するしかないでしょう。

Q 私が昔から管理してきた所有林のヒノキを伐採・販売したところ、隣接者から越境して誤伐しているので弁償してほしいと言われ困っています。

先日、森林組合に依頼して所有林のヒノキを伐採し、木材市場に出荷し販売しました。しかし、その後、隣接する所有者から一部境界を越して誤伐しているので弁償してほしいと言われました。この地域は地籍調査が未了で、境界杭もなく、さらに林相もよく似ておりますが、私が昔から管理していた部分です。隣接者も私も先代から相続した山林で、お互いに今まで境界の確認をしたことがありません。どのような対応をすべきなのでしょうか。また、万が一、弁償するとしたら何を基準にしたらよいでしょうか。

A　あなたの所有地に生えていたヒノキであると主張することになるだろうと思います。もし弁償する場合には、売却で得られた利益を基準とすればよいと考えます。

はじめに

あなたがどのように対応するかは、「伐採したヒノキは、あなたの所有地に生えていたものかどうか」によって変わってくるでしょう。ところで、ご相談の地域は地籍調査が未了で、境界杭もないとのことですので、隣地との境界を明確に特定するのは極めて困難ですが、あなたとしては、伐採したヒノキは、①自分の所有地に生えていたものであると主張するか、②隣接者の土地に生えていたものであるから弁償すると答えるか、のいずれかを選ぶということになります。

あなたの所有地と主張する2つの方法

あなたの所有地と主張するには、次の2つの方法があります。

①元々自分の所有地である、②時効で土地を取得した

あなたの所有地であるいうことになれば、当然のことながら「弁償には応じられない」とい

う対応になりますね。

(1)元々自分の所有地であるという主張について

あなたは、先代から問題のヒノキが生えていた土地を相続し、その後ずっと管理してきたというのですから、その土地はあなたの所有地だと信じてきたのでしょう。そう信ずるのは、少しもおかしいことではありません。その上、今回の誤伐だという隣接者のクレームがつくまでは、誰からもあなたの所有地ではないという文句を言われたことはなかったのでしょう。したがって、あなたとしては、まず、問題の土地は自分の所有地であるという主張をすることになるのではないでしょうか。

ただ、隣接者も、その土地は自分のものだというのですから、どちらの所有地かを巡って争いになるのを避けられないかも知れません。

(2)時効で土地を取得したという主張について

ア　基本的な考え方

仮に、問題の土地が元々は隣接者の所有であったとしても、長期間にわたって自分のものとして管理・支配した場合には、時効であなたがその土地の所有者になるという制度があります（民法162条）。これを、「取得時効」と呼んでいます。取得時効には、次の2つのパターンがあり、それぞれに定められた条件を満たす必要があります。

i　パターン1

①20年間、②所有の意思をもって、③平穏かつ公然と他人の物を占有すること

ii　パターン2

①10年間、②所有の意思をもって、③平穏かつ公然と他人の物を占有し、④占有開始時に善意無過失であること

取得時効は、10年または20年で完成しますが、2つのパターンで共通するのは②と③の条件で、違っているのは④の条件です。

イ「②所有の意思をもって」について

「所有の意思」について、最高裁判所の判決は、自分のものにしようという内心の意思ではなく、他人から見て「その物の持ち主である」といえるような態様で管理・支配していると言えるかどうかである、という考えを示しています。例えば、買主の占有には「所有の意思」がありますが、借主は、あくまで持ち主から借りて使用しているだけですので、その占有に「所有の意思」はないということになります。

あなたは、先代を相続して山林の管理を始められたとのことですので、あなたには「所有の

意思」があると思われます。

ウ　「③平穏かつ公然と他人の物を占有」について

「占有」とは、自分のためにする意思で物を所持すること、とされています。あなたは、先代から相続してこの山林を管理しているとのことですから、占有していると言えるでしょう。

また、相続という形で占有を開始され、これまで第三者から特段の苦情もなかったようですから、「平穏かつ公然」に占有してきたとも言えるでしょう。

エ　「④占有開始時に善意無過失である」について

「善意」とは、管理している物が自分のものであると信じていることをいい、「無過失」とは、そのように信じることについて不注意でなかったことをいいます。あなたは、先代から相続したというのですから、その山林は先代の所有地であり、相続によって自分のものになったと信じておられたのでしょう。また、地籍調査が行われておらず、境界杭も存在しないというのですから、管理していた山林部分は相続した土地の範囲内であると信じたことにも不注意はなかったと言えるでしょう。

オ　どちらのパターンの取得時効を主張するか

以上の通りですから、あなたは、パターン２の10年間で時効取得したと主張することが可能なように思われます。一見すると、こちらの方が有利なように見えますが、この取得時効を主張するために必要な「善意無過失」については、あなたが証明しなければなりません。裁判において善意無過失を証明するのは決して容易ではありません。他方、パターン1の20年は長期間ではありますが、善意無過失の証明は不要であるというメリットがあります。

このように、どちらのパターンにもメリット・デメリットがありますので、どちらのパターンの取得時効を主張するかは、専門家に事情を詳しく説明し、よく相談して決めるのがよいでしょう。

カ　あなたの占有期間が時効期間を満たしていないとき

あなたの占有期間が10年または20年に達していないときには、あなたは、自分の占有期間に加え、先代の占有期間も併せて主張することができます。あなたと先代の占有期間を併せて10年または20年を超えていれば、取得時効が成立することになります。ただし、この主張をする場合には、所有の意思、平穏公然、善意無過失などの条件は、あなたではなく先代の方を基準に判断されることになりますのでご注意ください。

弁償するという対応について

以上に述べたように、伐採したヒノキが生えていた土地は「自分が元々所有していた土地である。または取得時効により自分のものになっているので、そこに生えていたヒノキも自分のものである」と言って弁償を拒むことが可能であると考えます。しかし、そのようなあなたの主張を隣接者が納得しない場合もありますから、近所に住んでいる方と紛争になるかも知れませんし、場合によっては法的な手続に進むかも知れません。そのようなことを避ける意味で、あなたが弁償をすることによって事態を収める方法を選びたいとお考えになることもあるでしょう。

その場合の弁償金は、原則として、ヒノキの販売代金相当額からあなたが負担したコスト（森林組合に支払った伐採手数料、運搬費などの合計額）を差し引いた差額、つまりあなたが実際に得た利益を基準に決めればよいと考えます。

念のため付け加えますが、弁償をするという方法を採った場合には、弁償の対象となったヒノキが生えていた土地は隣接者の所有と判断されることになりますので、ご注意ください。

共有林

Q 財産区は、手入れが放棄されている山林を買い取って管理することができますか。財産区としての組織や運営に関する法律の定めは？

私の住む町では、近年、手入れをしても収入にあまり結びつかないことから、特に個人所有の山林について手入れ放棄地が目につくようになってきました。このままでは水源の確保にも支障を来すことが予想されることから、町内にある財産区で、放棄されている山林を買い取って管理しようという意見も出ていますが、財産区は新たに山林を取得できないのではないかと言う人もいます。

財産区が新たに山林を取得できるかどうかについて、法律はどのように定めているのですか。また、財産区に関して、法律は他にどのようなことを決めているのか教えてください。

A 財産区の本来の目的や性格に反しない限り、財産区は、新たに山林を買い取って管理することができます。財産区に関する法律としては地方自治法があります。

Q1 財産区は、新たに山林を取得できますか。

A 財産区がどのようなことができるかについては、地方自治法上に定めがあり、「財産又は公の施設の管理及び処分又は廃止」に限られると規定されています（地方自治法第294条第1項）。したがって、財産を全く新たに取得することは、列挙された項目のいずれにも該当しませんから、財産区は、原則として、これをすることができません。

しかし、財産区が、次の①②を対価として新たに財産を取得することは、その財産区の財産の管理及び処分に必要な範囲内であれば、財産区の権能を逸脱するものではないと考えられるということを理由に、行うことが認められています。

①従来から保有してきた現金

②財産区の財産を交換または売却する等の方法によって処分し、その対価として得たもの

Q2 財産区が新たに取得できる財産は、既存の財産と同一種類のものに限定されるのでしょ

うか。

A　財産区が新たに取得できる財産は、その財産区の本来の目的や性格に反しない限りは、既存の財産と異なる種類の財産であっても構いません。例えば、温泉を財産とする財産区において、温泉と全く関連のない山林を取得することはできませんが、山林を財産とする財産区において、山林を管理するための建物を取得することはできると考えられます。

Q3　**私どもの町内の財産区は、新たに山林を取得できるでしょうか。**

A　以上に述べてきたことからおわかりいただけるように、財産区が新たに山林を取得できるかどうかは、山林取得に供する対価や、その財産区の本来の目的や性格から個別具体的に判断せざるを得ません。

あなたの町の財産区が、従来から山林を所有して管理している財産区であるならば、先に述べたように、従来から保有してきた現金または財産区の財産を売却して得た金銭などを対価として、新たに山林を取得することはできると考えます。

Q4　財産区をめぐる法律の定めは？

A　財産区は、独立の地方公共団体であると同時に、あくまで市町村及び特別区の一部でもあるという特質があり、この観点に基づき、地方自治法上、次のような規定が定められています。

組織に関する規定

(1) 原則

まず、財産区の財産または公の施設の管理、処分、廃止については、原則として、地方公共団体の財産または公の施設の管理、処分、廃止に関する規定によります（地方自治法第294条第1項）。したがって、財産区は、原則として、固有の議決・執行機関を持たず、財産区が存する市町村の議会や長が、議決・執行機関となります。

(2) 財産区の議会または総会

都道府県知事は、必要と認める時は、その市町村議会の議決を経て市町村の条例を制定することにより、財産区としての議会または総会を設置し、市町村の議会に代わって財産区に関する事項を議決させることができます（第295条）。

これは、市町村議会が財産区の実情を十分把握していない場合もあり得るので、実情に即した処理をすることができるよう財産区固有の意思決定機関を設けることを可能にしたものです。

(3) 財産区の管理会

市町村は、財産区の議会または総会を設けない場合において、条例または財産処分に関する協議に基づき、財産区の管理会を設置することができます（第296条の2第1項）。この財産区管理会は、財産区の住民の意思を簡素な形で反映させるための機関であり、財産区管理委員7人以内をもって組織されます（第296条の2第2項）。

この財産区管理会は、地方自治法で次の3つの権限が認められています。

①財産区の財産の管理及び処分等で、条例または協議で定める重要なものに対する同意権（第296条の3第1項）。

②市町村長から委任を受けた場合における、財産区の財産または公の施設の管理に関する事務の全部または一部の執行権限（第296条の3第2項）。

③その財産区の事務の処理についての監査権限（第296条の3第3項）。

運営に関する規定

(1) 基本原則

運営上の基本原則として、財産区は、財産等の管理、処分、廃止について、財産区の住民の福祉を増進するとともに、財産区のある市町村の一体性を損なわないように努めなければなりません（第296条の5第1項）。

(2) 財産等の処分・廃止に関する知事の認可

政令は、財産区の財産または公の施設の処分または廃止に関して、財産区設置の趣旨を逸脱する恐れがない場合を基準として定めています。財産区の財産または公の施設の処分などが、その基準に反する場合には、あらかじめ都道府県知事に協議し、その同意を得なければなりません。ただし、その処分などの相手方が、財産区のある市町村である場合には、同意を得る必要はありません（第296条の5第2項）。

(3) 会計及び課税

財産区の財産又は公の施設に関する経費のうち、財産区が負担するのは、「特に要する」ものに限定され、それ以外は市町村が負担することとなります（第294条第2項）。この「特に要する経費」とは、財産区の財産に関する訴訟費用等、財産区の財産または公の施設の管理及び処分等のため特別に積極的に要した経費と解されています。

また、市町村は、財産区の財産または公の施設から生ずる収入をその市町村の収入とすることができるだけでなく、そうした時は、収入に挙げた金額の限度において、財産区の住民に対して不均一の課税をすることができます（第296条の5第3項から第5項）。

知事の関与

財産区の事務処理の公正を確保し、財産区住民の利益を保護するため、都道府県知事は、財産区の事務処理について、市町村の長に報告、資料の提出を求め、または監査することができます（第296条の6第1項）。また、財産区の事務に関する関係機関相互間の紛争がある場合には、知事は、当事者の申請または職権により、紛争を裁定することもできます（第296条の6第2項）。

Q 生産森林組合が保有する森林の一部を市に寄付する場合、総会の決議を経る必要がありますか。また、会計処理は、出資金の減額でよいですか。

私どもの生産森林組合は、昭和53年に設立され、森林110ha（スギ、ヒノキ約70ha、広葉樹30ha）を経営しています。

この度、市が多目的広場を建設することになり、市役所から、生産森林組合が保有する森林10haを無償で寄付してもらいたいという要請がありました。さっそく役員会を開催して協議した結果、無償で提供することとし、寄付手続も済ませました。

その後開催した総会で、このことを報告し、経理処理は出資金の減額としましたが、このような手続きで正しかったのでしょうか。なお、寄付をした森林の簿価は230万円、土地の簿価は250万円です。

A **重要財産の処分と考えられますから、総会決議を経たほうがよかったと思います。会計処理としては、出資金の減額ではなく、費用として処理するのがよいと思います。市への寄付であれば、損金とすることに問題はないと思われます。**

生産森林組合とは

生産森林組合は、森林組合法に基づいて設立される協同組合です（森林組合法93条以下）。

生産森林組合の目的は、組合員の森林経営全部を共同化することにあり、組合員が資本と労働と経営能力を提供し合って森林経営を行うというものです。この点で、組合員に対する森林経営に関する指導や組合員からの委託を受けて森林の施業や経営を行うことを目的とする森林組合とは異なっています（同法9条）。

もっとも、法は、生産森林組合について、森林組合に関する規定を多数準用していますので（100条）、組合運営の手続などは森林組合とほとんど共通すると考えてよいでしょう。

意思決定に関する手続き

生産森林組合の最高意思決定機関は、会社や他の組合と同じく総会です。生産森林組合にとって重要な事項、例えば定款の変更・事業計画の設定・解散や合併・組合員の除名などは、総会の決議によらなければなりません。

ところで、森林組合法は、生産森林組合の「財産の処分」を総会の議決事項として挙げていません（100条、61条1項）。しかし、生産森林組合が保有する森林は森林経営の基礎をなすものですから、組合にとって重要な財産であることは間違いありません。本件では、保有する森林の1割近くを無償譲渡するというのですから、生産森林組合の経営に与える影響は大きいと思われます。寄付の相手先が市であり、市の当該土地の使用目的が多目的広場というところから、今回の譲渡は公共のためであって、組合総会の議を経るという手続を踏むまでもないと判断されたのだと推測しますが、右に述べたような組合に対する影響を考慮すると、やはり原則どおり、総会決議を経るべきものと考えます。

念のため、林野庁及び全国森林組合連合会にも問い合わせてみましたが、いずれも、総会の決議を経ておくことが望ましいとの見解でありましたので、併せてご報告いたします。

会計処理

生産森林組合の会計については、森林組合法が「一般に公正妥当と認められる会計の慣行に従うものとする」と定めています（67条の2）。そこで、本件も一般に公正妥当と認められる会計の慣行に従うことになりますが、会計慣行によれば、寄付は出資の減額という扱いではなく、費用として処理するのが通常であろうと思います。

もっとも、林野庁に問い合わせたところ、担当職員の回答は「前例がなく正確なところは不明であるが、森林の面積比で簿価計算して固定資産の減少とするのではないか」とのことでありました。正確を期す意味で、念のため、あなたの生産森林組合が所属する県の森林組合連合会に問い合わせて確認してみたらいかがでしょうか。

なお、本件は、市への寄付ですから、税務上は損金として扱われるであろうと思われますが（全国森林組合連合会見解）、この点についても念のため税務署に確認なさることをお勧めいたします。

その他

保有する森林を譲渡することにより、生産森林組合の経営する森林地区が縮小することになりますから、変更登記の手続きも必要となります（8条、組合等登記令2条6号）。この点も、ご留意いただきたいと思います。

①参考事項…全国森林組合連合会　事業管理課（☎03－3294－9711・9710）
②参考文献…「森林組合関係法令通達集」「決算関係書類等様式集」「森林組合会計」（いずれも全国森林組合連合会にお問い合わせください）

Q

共有地で相続が生じ、全員が相続登記をしようということになったものの、登記に協力してくれない人たちがいます。また、未登記の共有者もいます。どうしたらよいでしょうか。

当地区には、昭和30年代に31名が所有者として登記した共有地があります。数年前登記簿を調べたところ、相続が発生している共有者の半数以上で相続による移転登記をしていないことがわかりました。明確な規約を作成するため会議を重ねた結果、全員一致で、相続が生じている場合には登記をするという約束をし、ほとんどの人は登記を完了しました。しかし、その後、数名が「面倒くさい、兄弟の印がもらえない」などの理由で登記をしてくれません。重ねてお願いすると「面倒くさいから放棄する」という人も現れました。本当に困っておりますので、次の点についてぜひ教えてください。

①登記に未だ応じない人に登記させるには、どんな方法があるか。

②今のままだと、今後、どのような支障が生じるか。例えば全員の委任状や印鑑証明が必要になることがあるか。1人でも反対者がいると何もできない場合があるか。

③放棄は、移転登記後でないとできないのではないか。組合に返還される場合（売買を含む）

の手続方法及び必要書類について教えてほしい。
④昭和30年代後半に、数千円の金額を払って組合に加入したにもかかわらず、未登記のまま現在に至っている会員が2人いる。登記するにはどのような手続き、書類が必要か。

A **相続を原因とする移転登記をしない人にむりやり登記をさせる方法はありません。しかし、今のままでは将来何かと不便を来しますから、ねばり強く協力を求めてください。**

共有者は組合を作っているか

ご質問の④で、数千円の金額を払って「組合に加入したにもかかわらず」というお話が出てきますので、まず、共有者の皆さんは、組合を作っていると言えるのか否かを検討しましょう。

1　組合的共有とは何か

参加するメンバーが出資をして、共同の事業を営むことを約束することで成立する契約を組合契約といいます。このような合意によって創設される共同事業のための団体を「民法上の組合」と言います。

土地を共有し、皆で利用しているという事実だけでは、民法上の組合が成立しているということはできません。共有している土地をみんなで使っている場合でも、単に共有物の使用方法の協定を結んでいるというに過ぎない時は、組合にはならないからです。最高裁判所も、漁民の古くからの共同網干場を単純な共有物とし、組合的共有にはならないと判断しています（最判昭和26年4月19日民集5－5－256）。

したがって、共有者が組合を結成しており、その組合が共有土地を所有していると言えるためには、共有土地の使用関係が何らかの共同目的のものでなければならないということになります。

2　組合員は死亡した時に脱退する

組合契約においては、組合員は、死亡・破産手続の開始・後見開始の審判・除名の場合には脱退するものとされています。脱退に際しては、組合員は、その持分に応じて組合財産の払い戻しを受けることになっています。この持分の払い戻しは金銭でよいとされていますが、払い戻しによって死亡した組合員の組合財産に対する権利はなくなりますから、無権利者の登記が残っていることになります。この登記については、残っている組合員から死亡した組合員の相続人に対して、共有持分の喪失を理由に移転登記手続を請求できます。

死亡した組合員の相続人が、払い戻しを受けた財産を再度出資するなどし、明示的または黙示的に残りの組合員と合意して組合に加入することはもちろん可能です。しかし、死亡した組合員の相続人または残りの組合員のいずれか一方だけの意思表示によって当然組合員となるものではありません。

ご質問を読む限りでは、相続による移転登記すら後日調べて判明したということですから、当初の共有者のうち誰かが死亡した時に、相続人に対する出資の払い戻しが行われたり、相続人による再度の出資が行われていたとは考えにくい状況です。したがって、ご質問の共有関係を組合的共有ということはできそうにありません。

3　未登記の会員の扱い

昭和30年代後半に、数千円の金額を払って組合に加入したにもかかわらず、未登記のまま現在に至っている会員が2名いるとのことですが、本件の場合には、まず組合がありませんから、それへの加入ということもあり得ないことになります。すると、支払われた数千円の意味が問題になりますが、共有者の方達の認識は、一旦31名で土地を購入した後、2名を加えた33名の共有地とするということだったと思われます。そこで、33名の共有という登記を申請することになりますが、その場合には、他の共有者の持分を2名に対して少しずつ出し、その合計が新しい共有者の持分に等しくなるように、移転登記をする形を採らざるを得ません。登記申請に当たっては、登記名義人全員が持分を一部移転する旨の書面を作成し、印鑑証明を添付する必要があります。

今のままでは、今後に支障が出るか

現在の状態をそのままに保つための行為は保存行為と呼ばれており、各共有者がすることができると定められています。例えば、第三者が勝手に登記を備えてしまった場合や勝手に土地を占有している時などにそれを排除する行為は、現状を保つための保存行為ですから、既に登記を備えた共有者のみで対処ができます。したがって、一部の共有者が登記を備えていないとしても、困ることはありません。

しかし、共有地に建物を建てるなどして物理的な変更を加える場合や共有地を売却しようという場合は、保存行為には当たりません。そのような場合には、共有者全員の同意が必要です。特に共有地を売却する場合には、買主に対して移転登記手続を行う必要が生じますので、一部の共有者の相続登記が未了のままでは登記ができません。

現状を変えようとする時には、支障が生じることになるでしょう。

他の共有者に相続登記を強制できるか

当初の共有者は、それぞれその土地に対して持分権を有していました。この権利は相続人に引き継がれますから、現在では、相続人が共有持分権を有しているということになります。共有者でない第三者名義の登記がなされている場合には、共有者の持分権が侵害されていることになりますから、その登記の抹消を求めることは保存行為に当たります。したがって、共有者の1人が単独で第三者の登記の抹消を求めることができます。

ところが、共有持分権について相続の登記がされていないという場合は、右の例と異なり、他の共有者の持分権が何ら侵害されていません。共有持分権を侵害されていない共有者が、他の共有者の相続登記を請求できるかについて記載した文献や先例を見つけることはできませんでしたが、人の権利についておせっかいをやくことはできないというのが民事裁判の原則ですから、一部の共有者が、他の共有者の共有持分の相続登記手続についてまで口出しすることはできないと考えられます。

放棄すると述べている場合はどうなるか

共有者の1人が持分権を放棄した時は、その持分権は他の共有者に属することとされています（民法255条）。放棄は単独でなしうる行為ですから、共有者自身が「放棄する」と明確に意思を表明すれば法律上放棄したことになります。移転登記手続がなされていなくても放棄の効力は生じます。ただし、権利の放棄は現在の権利者が行う必要があります。当初の共有者を4名の相続人が相続し、遺産である共有地の分割が未了である場合には、そのうちの1名が放棄すると、他の3名の相続人の共有ということになります。それら相続人の全員が放棄して初めて当初の共有者の1人が共有者から外れるということになるわけです。この点は、注意が必要です。

放棄した旨の登記を申請する際には、登記原因を証明する書類を添付する必要がありますので、共有持分権を放棄した旨の書面を作成してもらい、印鑑証明を添付してもらうことが必要です。

Q 生産森林組合から組合員が脱退をする時に、出資分の払い戻しができますか。また、その時の課税関係はどのようになりますか。

A生産森林組合のB組合員が脱退を考えており、自身の持分について請求を求めています。

A生産森林組合に出資された財産（現物）の中には、入会林と個人有林が混在し、B組合員の場合は個人所有山林を出資しました。この場合、次の点についてご教示ください。
①個人所有分の払い戻しは可能なのでしょうか。
②また、財産の評価替えは必要なのでしょうか。
③払い戻しは、現物ではなく、出資口数に応じた金額（現金）になるのでしょうか。
④払い戻しを行うことで、生産森林組合及び組合員に対し、何らかの課税はあるのでしょうか（または課税されない方法はあるのでしょうか）。

A **生産森林組合の組合員が脱退する場合には、定款の定めに従って、持分の払い戻しを受けることができます。払い戻しを受けた価額が出資価額よりも増えた時には、組合員に所得税及び住民税が課されます。**

持分の払い戻しをすることになるか

生産森林組合は、森林の経営の共同化を目的として森林組合法に基づき設立された協同組合ですから、その運営は森林組合法の規定に従って行うことになります。森林組合法は、生産森林組合の組合員は、組合を脱退した時は、その持分の全部または一部の払い戻しを請求することができると定めています（100条1項、38条1項）。したがって、組合は脱退した組合員に対して持分の払い戻しをしなければなりません。

財産の評価替えをすることになるか

A組合財産の価値は、B組合員が出資した時から脱退するまでの間に変動している可能性があります。森林組合法は、脱退した組合員の持分は、「脱退した事業年度末におけるその出資組合の財産によって定める」と規定していますので（38条2項）、B組合員の持分を算定するために財産の評価替えをすることが必要となります。

ところで、森林組合法には、組合財産を評価する方法に関する定めがありません。森林組合法は民法を修正した法律なので、森林組合法に規定のないことは民法を基準にしますが、民法にも明文がありません。最高裁判所は、中小企業等協同組合の財産評価について、協同組合の事業の継続を前提とし、なるべく有利に一括譲渡する場合の価額を基準とすべきと判断しています（昭和44年12月11日）。中小企業等協同組合法も民法の組合の規定を修正したものですから、この裁判例は、生産森林組合の財産を評価する場合にも参考にしてよいと考えます。

払い戻しは金銭に限られるか

森林組合法38条1項によれば、持分を払い戻す方法は定款で定めるところに従うことになっています。A組合の定款に、金銭以外のもので払い戻すことができるという定めがあれば、払い戻す方法は金銭に限られないことになります。定款に払い戻しの方法に関する定めがない場合についての規定は森林組合法にはありませんが、民法には「脱退した組合員の持分は、その出資の種類を問わず、金銭で払い戻すことができる」と規定されています（681条2項）。脱退組合員の出資したもので払い戻しをしなければならないとすると、組合事業を継続するのに支障が生じることがありますから、それを防ぐための規定です。

したがって、生産森林組合も現金で払い戻すことができますが、民法の規定は「できる」となっているので、必ず金銭で払い戻さなければならないわけではありません。A組合の置かれた状況により、B組合員が出資した個人所有林自体を払い戻しの一部または全部に当てても差し支えありません。

組合員に対する課税

組合財産の評価替えの結果、組合に出資した時よりも、脱退する時のほうが組合の財産が増えた場合には、脱退組合員は、出資した価額よりも多い価額の払い戻しを受けることになります。例えば、B組合員が生産森林組合に10万円相当の財産を出資したところ、払い戻しとして15万円の金銭を受ける場合です。現金の代わりに現物出資した森林自体で払い戻しを受けたところ、森林が15万円の評価を受けている場合も同じです。

このような場合は、出資と払い戻しの差額が、利益の分配と同様の性質を持っているものとみなされます（所得税法25条1項5号）。その差額をみなし配当といい、組合員に対して、配当所得として所得税が課されます（同法24条）。先ほどの例では、差額の5万円がみなし配当となります。組合は、この所得税を源泉徴収して国に納付する義務を負います（所得税法181条）。また、払い戻しがみなし配当に当たる場合には、組合員に対しては他の所得と総合して住民税も課されることになりますから、確定申告をする必要があります（地方税法32条1項）。

みなし配当が生じた場合に所得税及び住民税を課されなくする方法はありませんが、所得税を減額できる制度や確定申告の必要がない制度がありますので、それらの制度についてご説明します。しかし、制度の内容がわかりにくいだけでなく、制度を利用したらかえって税額が増えるような場合もありますので、実際にその制度を利用する場合には、ぜひ税務署や税理士に相談してください。

生産森林組合からの脱退の相談も全国的に増えている

①所得税を減額できる制度

まず、配当所得を基準に計算した額が、所得税額から控除される制度があり、これを配当控除と言います（所得税法92条1項、3項）。ただ、配当控除を受けることによって、必ずしも組合員がその年に負担する税額が安くなるというわけではなく、他の控除を受けられなくなり、かえって税金の合計が高くなる場合もありますので注意してください。

②所得税の確定申告が不要になる制度

少額配当については、所得税の確定申告をしなくてもよい制度があります（租税特別措置法8条の5）。

また、組合員が給与所得者である場合には、給与所得以外に得た所得が20万円以下であれば、所得税の確定申告をしなくてよいという制度もあります（所得税法122条1項）。これは、給与所得者が既に給与及び賞与から源泉徴収されていることから、20万以下の副収入に限って、確定申告を要求しないというものです。

しかし、これらの場合にも住民税の確定申告は必要ですから、注意してください。

組合に対する課税

みなし配当は、組合の損金に算入することになっています（森林組合法7条）。みなし配当によって組合に利益は生じませんから、組合は法人税を課されません。

もっとも、組合には、組合員に課される所得税を源泉徴収して国に納付する義務があり（所得税法181条）、組合員に対してみなし配当の金額を記載した支払通知書を交付するとともに、所轄税務署に支払調書を提出しなければなりません（所得税法225条1項2号）。

不法投棄

Q **産業廃棄物処理業者が山林を購入して事業を始めるという噂があります。近隣地域として、産業廃棄物の不法投棄による被害を受けないためにどのような対応が可能でしょうか。**

私が住む集落の山林の一角を産業廃棄物処理業者が購入し、事業を行う予定だという噂を耳にしました。知人から、悪徳業者が山林所有者から安く山林を買い、引き取った産業廃棄物を埋めて、問題が指摘されると故意に会社を潰して損害賠償の持って行き先をなくすといった話を耳にし、大変不安になっております。そうした事態にならないよう地域で何かしら手を打ちたいと考えておりますが、法律的な視点から、どのような対応が可能でしょうか。

A　都道府県の担当部署や警察に相談し、適切な処分を行うよう促すことが効果的だと考えます。

はじめに

近年、産業廃棄物の不法投棄は、法規制の強化や、国と地方自治体との連携による諸施策の実施により減少傾向にあるそうですが、依然として毎年多数の不法投棄が新たに確認されています。不法投棄を行う業者の中には、ご相談内容に出てくる悪徳業者のように、不法投棄発覚後に会社を解散してしまうケースもあるようです。

以下では、産業廃棄物処理業者による不法投棄が予想される中で、法律上、どのような対応が可能であるかについて、不法投棄に対する法的責任にも言及しつつ、説明します。

自己の山林に廃棄物を投棄することは違法なのか

廃棄物処理法（「廃棄物の処理及び清掃に関する法律」）では、「何人も、みだりに廃棄物を捨ててはならない」として、廃棄物の投棄を禁止しています（第16条）。そして、これに違反すると、5年以下の懲役と1000万円以下の罰金という重い刑罰が科されることがあります（第25条）。

「みだりに」とは、「正当な理由なく」という意味ですが、正当な理由があるかどうかは、生活環境の保全と公衆衛生の向上を図るという廃棄物処理法の趣旨に照らして社会的に許容されるかどうかで判断されます。そして、裁判所は、自己所有地への廃棄物の投棄は、「社会的に許容されるものと見る余地はない」として、不法投棄に当たると判断しました（最決平成18年2月20日刑集60巻2号182頁）。したがって、他人の山林であればもちろんですが、自己の山林であっても、廃棄物を捨てれば不法投棄に該当します。

民事上の手続きを用いて対応することは可能か

①不法投棄されてしまった場合

自己が管理、所有する山林に他人が廃棄物を投棄した場合には、法律上、廃棄物を投棄した者に対し、廃棄物を除去するよう請求したり、損害賠償請求を求めることができます。

他方で、他人の山林に廃棄物が不法投棄された場合に、近隣の山林所有者から同様の請求ができるかというと、その場合には、不法投棄によって自己の山林にも被害が生じていることを明らかにしなければなりません。

裁判例の中には、廃棄物処理業者が土地所有者の承諾を得て投棄した産業廃棄物が隣地に滑り落ちた事案で、廃棄物処理業者に対し、隣地に滑り落ちた廃棄物の除去だけでなく、最初に投棄した土地に堆積する廃棄物についても除去を命じたものがあります（東京地判平成6年7月27日判タ874号220頁）。

この廃棄物処理業者は、土地所有者から承諾を得て廃棄物を投棄していたのですが、承諾を得ていた土地上の廃棄物まで除去を命じられたのは、これをどかさなければ再び隣地に廃棄物が滑り落ちてくる恐れがあったからです。

このように、廃棄物が投棄された場所が自分の管理、所有する山林でなかったとしても、その廃棄物によって自己の山林にも被害が生じる（例えば、廃棄物が滑り落ちる以外に、土壌汚染や有毒ガスが発生するなどの）場合には、法律上、その被害発生を予防するための措置を講じるよう請求することができます。

もっとも、相手方が不法投棄の問題が指摘されると会社を潰してしまうような悪徳業者であれば、不法投棄がなされた後に民事上の請求をしても功を奏しない恐れがあります。

②不法投棄される前にできることはあるか

これから不法投棄が行われるかもしれない段階では、現に不法投棄が行われた場合と比べ、民事上の請求が認められるハードルは高くなります。

例えば、不法投棄をさせないようにするために、廃棄物処理業者に対して不法投棄禁止の仮処分を発令するよう、あらかじめ裁判所に申し立てることが考えられます。

もっとも、この請求が認められるためには、少なくとも、その廃棄物処理業者による不法投棄の恐れが高いことをこちら側で明らかにしなければなりません。相手方が過去に不法投棄を行った際の会社とは社名も違う新しい会社で事業を開始したような場合に「新しい会社も不法投棄を行う恐れが高い」ということを明らかにするのは容易ではありません。また、仮にこちらの請求が認められたとしても、相手方が裁判所の命令に従わないことも考えられます。

このような理由から、これから不法投棄が行われるかもしれないという段階では、民事上の手続きによって実効性のある対策を講じることはなかなか難しいでしょう。

行政機関、捜査機関による対応について

各都道府県は、産業廃棄物の適正な処理が行われるように必要な措置を講ずる責務を負っており（廃棄物処理法第4条第2項、第11条第3項）、その手段として、不法投棄を行う産業廃棄物処理業者に対し、事業の停止（同法第14条の3）や措置命令（同法第19条の5）などの行政処分を行うことができます。そこで、今回新たに事業を始めようとしている産業廃棄物処理業者が

不法投棄を行う恐れがあることが確認できたならば、まずは都道府県の産業廃棄物対策課等の担当部署に相談し、行政による調査・処分の実施を促してみるのがよいと思います。

また、既に説明しましたとおり、廃棄物の不法投棄を行った者には刑事罰が科せられることがあります。もし、新たに登場した産業廃棄物処理業者の代表者が過去に不法投棄を行っていたのであれば、刑事事件として捜査を開始させるべく、捜査機関に告訴、告発することも効果的と考えます。捜査が開始されれば、その結果、不法投棄を抑制することができると思います。

最後に

産業廃棄物処理業者が廃棄物を不法投棄する恐れがあることが確認できた場合に、民事上の手続きだけで対応するのは容易ではありません。まずは、不法投棄する恐れがあるか否か現地の監視を怠らないようにし、万一その恐れがあると判断できたなら、都道府県の担当部署に相談し、また、警察とも連携をとりながら、各機関に不法投棄を未然に防止するための処分を行うよう促すことが負担も少なく、効果的だと考えます。

近隣地域の方々だけで進めるのが難しければ、弁護士が窓口となって、行政や警察、あるいは相手方業者と協議・交渉することもできますので、お近くの弁護士にご相談ください。

土地所有トラブル

Q 先祖代々借りていた山林を貸し主から突然買い取るよう請求されましたが、どう対応したらよいですか。

私の三代前の先祖に当たるAが、当時の山林所有者であるBとの口約束で、山林の使用の許可を得ていました。以降、その山林を契約書等を作成しないままAが特用林産物を栽培したりして使用を続けてきました。先日、Bの子孫であるC（貸し手）がAの子孫である私（借り手）に、「今まで支払ってきた固定資産税とその山林の購入額（Cが依頼した不動産鑑定士の鑑定評価300万円）を支払ってほしい」と連絡してきました。応じなければ弁護士を通じて解決を図るということです。

このような場合に、法的に支払う義務はあるのでしょうか。また、私には、買い取る意思はありませんし、鑑定評価も不当に高く固定資産税を支払うのも理不尽であると考えています。

対抗手段として、どうすればよいのでしょうか。また、無視した場合はいかなる問題が発生するのでしょうか。

A これまでの経緯を確認するとともに、今後継続して山林を使用していきたいならばCさんとよく話し合う必要があるでしょう。

現在の山林使用の法律関係について

ご相談の内容から推測すると、Aさんもあなたを含む相続人の方々もBさんやCさんに地代を払ってはいないようです。親子などの親しい親族の間では、無償で土地などの利用を認めることがありますが、そのような状態を法律は「使用貸借」という契約関係にあると考えています。契約ではありますが、契約書が作成される必要はなく、口頭の合意で構いません。先に述べた通り、BさんはAさんに無償での使用を許諾したと思われますから、AさんとBさんとの間には山林の使用貸借という契約関係があったと考えられます。

ところで、使用貸借においては、借り主は、契約や目的物の性質により定まった用法に従って、使用又は収益をしなければならないという義務を負うほか、借用物の通常の必要費を負担することとされています（民法595条1項）。借り主が無償で借用物を使用して利益を得ていることから、その使用に必要な費用は、利益を得ている借り主が負担することとされているものと考えられます。必要費としては、目的物の公租公課や、現状維持のために必要な補修費・修繕費、保管費などがこれに当たります。

また、借り主が死亡した時には、使用貸借関係は終了するものとされています。したがって、AさんとBさんとの使用貸借関係は、Aさんが死亡した時点で終了し、当然相続人に引き継がれません。しかし、三代前の先祖であるAさんが死亡したのは相当前のことだと思われますが、その後もずっとAさんの相続人が使用を続けていたところを見れば、BさんやBさんの相続人は、Aさんの相続人が使用しているのを十分承知した上で、その状態を了解していたと考えられます。このような状況を見ますと、Bさんまたはその相続人とAさんの相続人との間には、黙示のうちに使用貸借関係を継続する旨の合意が整っていたと見ることになるでしょう。

固定資産税を支払う必要があるか

先に述べた通り、使用貸借の借り主は必要費を負担しなければならないというのが法律上の原則です。もっとも、Aさんやその相続人とBさんまたはその相続人との間で、貸し主が固定資産税等を負担するという合意があれば、その合意の内容に従うことになります。したがって、Aさん側とBさん側の間で、固定資産税などの必要費の負担について、どのような合意があったかを確認する必要があるでしょう。その際には、Bさん側が固定資産税を支払ってきた理由や状況、Aさん一族とBさん一族の関係、これまでに固定資産税の負担を求めたことがあったか、求めていなかったとしたらどういう理由からか等の間接的な事情も参考にすべきです。状況によっては、Bさん側が過去の固定資産税については、黙示的に償還を免除していたと見る余地があるかもしれません。

いろいろの手を尽くしても免除の合意があったことが明確にならないとすれば、法律上の原則に戻って必要費は借り主が負担しなければならないことになります。あなたがAさんまたはその相続人の使用借権を相続しているならば、あなたは、Bさんまたはその後の貸し主に対して固定資産税を支払う必要があります。ただし、現在請求を受けている固定資産税がどの程度の期間にわたるものか明らかではありませんが、10年の消滅時効が成立しているものについては、そのことを主張して支払いを拒むことができます。

今後の使用継続について

ご質問によれば、Cさんが依頼した不動産鑑定士の鑑定評価額300万円の支払いを求められたとのことです。支払いを求められた理由がはっきりしませんが、山林を買い取るつもりはないとお話しになっていることからすれば、その代金額で山林を買い取るよう求められていると理解できます。

売買は、双方の自由な意思に基づいて行われるべきものですから、あなたが必要ないと判断しているならば山林を購入しなくてもよいのです。もし購入する意思がないのであれば、その旨をCさんにはっきり伝えたほうがよいと思います。申し出を無視した場合には、Cさんは、あなたは購入するつもりがないのだと判断するのではないかと思います。

ここで注意しなければならないことは、あなたが山林を買い取らないと答えたり、申し出を無視した場合には、Cさんは、現在の使用貸借関係を解消したいと言ってくるのではないか、ということです。使用貸借契約では、返還時期も使用目的も定められていなかった時には、貸し主は、いつでも返還を請求することができることになっています。また、使用目的が定められていた時も、目的に沿った使用について十分な期間を経過した時は直ちに返還を請求できることになっています。ご相談の事例では、返還の時期が定められていたとは思えませんし、仮に使用目的が定められていたとしても、あなたから三代前のAさんが借りたということですから既に十分な期間使用したことになると思われます。したがって、Cさんは、いつでも使用貸借を終了させ、今後は使用しないよう求めることができることになります。

以上の通りですから、あなたは法律上は強い立場にあるわけではありません。その山林を今後どのように使用することにしたいのかの方針を十分検討し、Cさんとよく話し合って解決策を見つける必要があると思います。

Q 山林所有者からの委任状と権利証を持っている代理人と称する人を信用して契約を締結しても大丈夫でしょうか。

私は、隣町に住むAの山林を不動産業者の仲介により買うことになりました。私はAとは全く面識はありませんが、仲介業者と一緒に来たのはA自身ではなく、Aの代理人と称するBでした。Bは、代理人であることの証拠として、Aが署名したと思われる白紙委任状と2カ月前の日付の印鑑証明を示し、併せて売買目的物である山林の権利証を持っていました。これらのことのみを信用して売買契約を締結し、代金を支払ってもよいものでしょうか。信用できるかどうかを判断するポイントについて教えていただけないでしょうか。

A　Bさんの代理権の有無については、慎重に判断してください。一番安心なのは、直接にAさんに確認することです。

はじめに

代理人と称するBさんを、印鑑証明書を添付した白紙委任状と山林の権利証を持っていることだけで信用してよいかというのがご質問ですが、時にはそれらの書類が偽造されたものであることもありますし、白紙委任状である時には、偽造ではないけれども別の目的のために作成されたというような場合もあります。さらには、Aさんは、Bさんでない別人を代理人に選んでいたのに、なぜかBさんが代理人と称しているということもあり得ます。ですから、あなたが見た書類を持っているということのみを根拠にBさんを信用して売買契約を締結し、代金を支払って大丈夫かと聞かれれば、大丈夫ではないとお答えせざるを得ません。場合を分けてご説明しましょう。

委任状などの書類が偽造である場合

代理権を与えるには、書面を用いる必要はなく、口頭の合意で可能です。しかし、本人から代理権を与えられても、その証拠がなければ、相手方に代理人であると信じてもらうことは困難です。そのため、普通は委任状と呼ばれる書面が代理人に交付されます。委任状には委任者が署名をし、印鑑を押捺します。重要なことを委任する時は、交渉の相手方も委任者が本当に委任したかどうかを慎重に確認しますから、印鑑は実印が用いられて印鑑証明を添付することがよく行われます。ご相談の事例も、そのような場合に当たります。

驚かれるかも知れませんが、稀にはそれら委任状、印鑑証明書、権利証が偽造されることがあるのです。そのような場合には、契約の本人であるAさんに契約の履行を求めることができないことは言うまでもありません。あなたは、Bさんと偽りの代理人を連れてきた不動産業者に対して損害賠償を求めることができるのみです。ですから、委任状などの書類が偽造かどうかをまず確認しなければなりません。これまでにAさんと山林売買の話をしており、具体的な契約書作成などはBさんに任せるとAさんから聞いていたような事情があれば、偽造を疑う必要はないでしょう。しかし、あなたはAさんとは面識がなく、Bさんとも初めて会ったようですから、偽造かどうかは非常に気になります。偽造を見破るのは非常に難しいので、仲介に入った不動産業者が信頼できる場合にはその者に大丈夫かどうかを聞く方法もありますが、最終的にはAさん本人に委任したかどうかを確認するしか方法はないと思います。

白紙委任状であることについて

委任状などの書類が真正なものであって偽造されたものでないという場合にも、Bさんが持っていたのは白紙委任状ということですから、白紙委任状に関する問題点を検討しなければなりません。

委任状の一部が空白のままにされているのがいわゆる白紙委任状ですが、契約の相手方を探したり、契約内容を定めたりすることを代理人に任せている場合には、白紙委任状をあらかじめ交付しておくことが便宜上行われているのです。気をつけていただきたいのは、委任状のある部分が白紙になっているからといって、代理人が勝手にその部分を補充し、何でもやってよいということにはならず、本人と代理人が合意したこと以外については代理権が生じないのが原則だということです。しかし、本人と代理人の合意内容は他人にはわからないので、白紙委任状を巡っては様々なトラブルが起きるのです。

①受任者が白紙である場合

ご質問の場合に、代理人名（Bさんの名前）を空欄のままにしておく必要はないと思います。受任者欄が白紙だとすると、後になって、Aさんが、自分はBさん以外の者に代理権を与える目的で委任状を作成したのだと主張してトラブルになる可能性を否定できません。

このような問題を解決するために、民法は、「第三者に対して他人に代理権を与えた旨を表示した者は、その代理権の範囲内においてその他人が第三者との間でした行為について、その責任を負う」と定めています。ご相談の事例では、Aさんは、Bさんに白紙委任状と2カ月前に取得した印鑑証明書を交付したか、Bさん以外の人に交付してBさんがそれらを入手できるようなきっかけを作ったのですから、Bさんがあなたに白紙委任状と印鑑証明書を見せたことによって、Aさんが「代理権を与えた旨を表示した」ことになり、AさんはBさんの行為に責任を負うことになるでしょう（実印は変更することができるので、通常発行から3カ月以内の印鑑証明書が要求されます）。つまり、Aさんとの間で契約が成立した場合と同様に、あなたはAさんから山林の所有権を取得できることになります。

ただし、Bさんが代理権を与えられていないことをあなたが知っていたり、知らないことに過失があった場合には、Aさんは責任を負いませんので、Aさんはこの点を争ってくるかも知れません。

②委任事項が白紙である場合

次に、委任事項が白紙になっている場合を考えてみます。何を委任したのかという部分が白紙になっているのですから、Bさんが任されたのはどういう行為なのかがわかりません。もしかしたら、AさんはBさんに、山林売買の代理権を与えていないかも知れません。しかし、委任事項が白紙になっていても、委任状は渡しているのですから、仮に山林売買に関する代理権は与えていなくても、それ以外の何らかの代理権を与えていたと考えられます。このような場合には、あなたが、Bさんが山林売買の代理権を有していると信じたことに「正当の理由」があれば、AさんはBさんの行為に責任を負うことになります。つまり、代理人が、与えられた代理権の範囲を越えて代理権を行使した時に、Aさん本人が責任を負うことになるのです。

あなたは、委任状と同時に示された山林の権利証を見て、Bさんは山林売買について代理権を与えられたのだと信じたのでしょう。このことだけでは不十分かも知れませんが、代理人であるBさんとAさんの関係とか、Bさんや仲介の不動産業者の説明内容とか、その地域で山林を処分する例が何件か出ていたなどの事情があれば、それらを総合して「正当の理由」があるか否かが判断されます。

AさんとBさんとが同居の親族であったとしても、BさんがAさんの実印を勝手に押捺したり、権利証を断りなく持ち出すことは少なくありませんので、十分な注意が必要です。なぜBさんに任せるのかなど全体の状況に不自然なところがないかをよく確認すべきだと思います。

また、山林の売買は、宅建業法の規制がかからないので「自称」不動産業者が介在してトラブルの原因となることもあります。仲介に入った不動産業者が信頼できる業者かどうかを、宅地建物取引業の免許番号を確認したり、地域の人に評判を聞いたりして確認することも考えたほうがよいと思います。

この場合にも、あなたが、Bさんの代理権の範囲を知っていたり、知らないことに過失があった場合には、Aさんは責任を負いませんので、その点が争われることは考えておかなければなりません。

最後に

以上ご説明した通り、Bさんの代理権の有無を正確に判断するのは容易ではありません。ですから、本当は、Aさんに直接確認することが望ましいのです。山林の購入は安価な買い物ではないのですから、手間を惜しむべきではありません。十分に注意して、慎重に交渉をお進めになることが必要です。

Q

私の山林に隣接する水田の所有者が、枝条やイノシシによる落石で水路を塞がれると苦情を述べ、勝手に私の山林に入って立木を伐採し、イノシシ柵を設置しましたが、どのように対処したらよいでしょうか。

私は、スギ・ヒノキの山林を所有しておりますが、隣接する水田を所有するAから、私の山林から出る枝条やイノシシが落とす落石で水路が詰まって困ると再三クレームをつけられています。実際、私が何度か現地に行ってみると林内にはイノシシ柵としてトタン板が並べられ、しかも一部故意に伐られたと思われる立木もありました。クレームがあった当日にも私自身が現場を確認したところ、水田には枝条や落石等の痕跡は確認できず、Aの主張には納得がいきません。そこで、①Aからの再三の苦情に対してどのように対処したらよいのか、②被害を受けたという主張の下に、Aが勝手に私の山林に入って立木を伐採したり、イノシシ柵を設置することが許されるのか、法律上の観点からアドバイスをいただければ幸甚です。

A

何よりもAさんとの話し合いをするのがよいでしょう。また、Aさんが行ったと考えられる行為はいずれも違法な行為と思われますが、あなたが自力でイノシシ柵を撤去するとトラブルが大きくなるので、Aさんが自ら撤去しない場合には、法的手段をとるしかないと思います。

Aさんの苦情に対する対処

Q クレームがあった当日に、私自身で現場を確認しましたが、Aさんが苦情を述べている枝条や落石などの痕跡はありませんでした。この点はどう考えたらよいですか。

A あなたが確認した時枝条や落石などがなかったことについては、元々そんなものはないという可能性と、あったけれどもあなたが到着する前に片付けられていたという可能性の2つが考えられますね。

この点は、法的紛争になった場合には非常に重要なことですから、これから度々確認して、その度に日付入りの写真を撮っておくことをお勧めします。

Q 仮に、Aさんの主張どおり、私の山林からの枝条や落石がAさんの水田の水路を塞いでいた場合には、私が責任を負うことになるのでしょうか。

A　どれくらいの量の枝条や落石が水路に溜まるのかによって変わるでしょう。水路には、通常いろんな物が飛んできて溜まるでしょうから、それをいちいち問題にはしないと思います。しかし、あなたの山林から出て水路に溜まる枝条や落石の量が多く、水路としての役に大きな支障となるほどであれば、通常の人が我慢できない（受忍限度を超える）ことになるでしょうから、山林を管理すべきあなたが枝条や石の落下を防ぐ措置を講じなければならないということになるでしょう。

Q　Aさんは、これまで何回も苦情を言ってきましたから、恐らくこれからも度々苦情を言ってくるのではないかと思いますが、どのように対処したらよいですか。

A　Aさんがやったのかどうか不明ですが、山林の一部の立木が伐採され、イノシシ柵も設けられているようですから、これまでとは状況が異なることとなり、枝条や落石が水路に溜まるということはあまり考えられないように思います。もし、今後Aさんが苦情を言ってきた時には、それをチャンスと考えて、話し合いをすることをお勧めします。

Q　話し合いはなぜ必要なのでしょうか。

A　まず、Aさんとは隣り合う土地を所有する近隣の者同士でしょうから、できるだけ話し合いでトラブルを解決し、裁判所に問題を持ち出さないほうがよいのではないか、というのが1つの理由です。

もう1つの理由は、Aさんに、自分の意思でイノシシ柵の撤去をしてもらうのが穏やかで、早い解決方法だと考えられるからです。

Q Aさんが苦情を言ってこない場合には、どうしたらよいですか。

A あなたがイノシシ柵が撤去されることを望み、立木伐採についても然るべき解決をしたいとお考えであれば、あなたのほうから話し合いを求めるということになりますね。

いずれにしても、話し合いの際には、冒頭に述べた本当に枝条や落石で水路が塞がれることがあるのかという「事実関係」が基礎になると思われますから、その点の証拠集めを怠らないようにしておくことが大事です。

Aさんの行為は法律上許される行為なのか

Q Aさんは勝手に私の山林に入り、立木を伐採したり、イノシシ柵を設置したりしましたが、そんなことをしてもよいのでしょうか。

A 現在の日本では、自分の権利を侵害している物を自分で取り除くこと(自力救済と言っています)は、直ちに取り除かないと取り返しのつかない状態になるというような緊急事態でなければ、原則としてやってはいけないことになっています。したがって、Aさんの水田耕作にとって、そのような緊急事態が目の前になかったのであれば、Aさんの行為は違法ということになります。

Q Aさんの行為が違法なら、私はAさんに断らないで、山林にあるイノシシ柵を撤去してもよいでしょうか。

A 自分の土地に違法な物があるのだから、Aさんに断りなく撤去してよさそうですね。しかし、これも先にご説明した「自力救済」ということになりますから、緊急事態は別として、法に定めた方法で対処しないとあなたのほうも違法な行為をしたと言われてしまいます。

Q それでは、私はAさんに対して、どのような手段がとったらよいのですか。

A Aさんの行為は、あなたの山林の所有権を侵害する違法な行為ということになりますから、あなたは、Aさんに対して、裁判を起こし、イノシシ柵を撤去するよう請求することができます。また、併せて、違法に伐採された立木についても損害賠償を請求することができます。

さらに、これから先も侵害行為が続く恐れがある場合には、Aさんが山林へ侵入する行為の差止請求をすることもできるでしょう。

Q　裁判を起こす時に気をつけるべきことがありますか。

A　問題は、本当にAさんがあなたの山林に無断で侵入し、柵の設置や立木の伐採をしたか、という点です。今のところ、あなたがAさんの行為だと判断していることはよくわかりますが、その証拠がありません。裁判になれば、あなたのほうで柵を設置したのがAさんであることを証明しなければならないので、十分証拠を集めておかないといけないということになります。

しかし、証拠の収集は大変難しいので、裁判に訴えるよりも話し合いで解決するほうが望ましいのです。

Q　自分で処理するのはなかなか難しそうですね。

A　あなたのお話では、Aさんからは再三苦情を言われていたということですが、その時のあなたの対応ぶりにAさんが不満を持つようになったのではないかと思われます。

解決が難しい事案ですから、今後の話し合いや裁判に向けて、今の段階から弁護士に相談しながら対応したほうがよいかも知れません。

Q カラマツ林でノネズミ退治のため殺鼠剤を散布しようとしたところ、直下の農地経営者から無農薬栽培に影響するとクレームがあり対応に悩んでいます。

私が勤める木材会社が所有するカラマツ林では、近年ノネズミの被害が拡大しており、2年前から殺鼠剤の散布による防除を行っています。本年も実施しようとしていたところ、カラマツ林の直下にある農地の経営者から「農薬が雨水によって地表あるいは地下を経由して田畑に流入し、長年続けている無農薬栽培に影響する恐れがある」ことを理由に殺鼠剤の散布を止めるよう要請がありました。農薬取締法に登録された薬剤を定められた方法によって使用していますが、それでも農地への薬剤の流入が認められた場合、農家への補償等が必要になるのでしょうか。

A 現在は農家への補償が必要な段階ではないと思いますが、今後どのようにするかについて農家の方とよく話し合うのがよいでしょう。

権利行使のぶつかり合いの場面

カラマツ林のノネズミ被害、さぞお困りのことと思います。木材生産のための殺鼠剤の使用は、林地所有者の権利行使の一環として認められる行為で、そのこと自体は違法なものではありません。

他方で、農薬を使用しない農業を継続することもまた、農地所有者の権利として認められた行為といえますから、殺鼠剤が農地に流入することへの農家の心配を全く無視することもできないでしょう。

このような権利の衝突は、建築基準法の定める範囲内で建物を建てることが、隣地住民の日照権を侵すという場面などでも見られることです。一方の権利行使が他方の権利の制限に結びついてしまう場面における法的な解決に当たっては、「受忍限度」という考え方がよく用いられます。

受任限度論とは

大正時代、国鉄中央線を走る汽車の煤煙により、信玄公が旗を掛けたと言われるマツが枯死したため、所有者が国を訴えた事件で、大審院は、国の損害賠償義務を認めました。権利の行使は、社会通念上被害者において受忍すべきと一般に認められる程度の範囲で行使する必要があるというのがその理由でした。

現在も、これと同じ考えは様々な場面で採られており、被害者の受忍すべき限度を超えた被害が生じて初めて加害者の損害賠償義務が発生すると判断されています。これが「受忍限度論」と呼ばれるものです。

受忍限度を超えるかどうかの判断の中では様々な要素が考慮されますが、①侵害行為はどのようなものか、②侵害された権利の内容、③被害を防止する措置をとっているか、の3点が主要な考慮要素になっています。

殺鼠剤散布は農家の受忍限度を超えるか

まず、①の侵害行為の内容ですが、ご相談者の会社の殺鼠剤散布は、農薬取締法に登録された薬剤を定められた方法によって使用しているとのことですので、違法と評価されることはありません。しかし、法律を守っていても場合によっては「不当」と評価されることもあるので、直ちに損害賠償義務がないとまでは言い切れません。農地が近くにあることを知った上で、専ら林業用の殺鼠剤であって農産物に与える影響が心配になるほどの強い薬剤を使用しているような場合には、農家が受忍すべき限度を超えていると判断されることも出て来る可能性があると思います。殺鼠剤の説明書を確認し、また、メーカーへの問い合わせを行い、農産物への影響を慎重に検討する必要があると思います。

次に、②の侵害された権利の内容ですが、単に農薬を使用しない栽培を継続したいというだけであれば、権利として守られるべき程度は低いと思います。

農薬や化学肥料などの化学物質に頼らないで自然界の力で農作物を生産し、農産物に「有機」「オーガニック」と表示するためには、「有機JASマーク」を取得しなければなりません。この「有機JASマーク」の取得のためには、周辺から農薬が飛来し、または流入しないように必要な措置が講じられていることが要件になります。直下の農地所有者が相談者の会社の殺鼠剤使用について調査も流入対策も講じていないならば、要件を満たさないことになってしまいます。

では、有機栽培を行おうとする農家とそうでない隣地所有者のどちらが、有機栽培のために農薬流入を防止しなければならないのでしょうか。この点は、時代ごとに変わる判断だと思います。将来、ほとんどの農家が有機栽培を行うようになれば、農薬を使用しようとする側が、有機栽培農家に影響を与えないよう配慮しなければならなくなるかもしれません。しかし、現在は、有機栽培は特別な栽培方法ということができ、有機栽培農家の方が自ら努力することを求められていると思われます。したがって、近くに有機栽培を行っている農地があるからといって、周囲の土地所有者が農薬を使わないことにするなど有機栽培農家に配慮する義務が生じるとまでは言えないでしょう。農薬を使用しない栽培を継続したいという希望が権利として擁護される程度は、現時点においてはさほどに高いものではないと言わざるを得ません。このようなことを総合考慮すると、相談者の会社が農家に損害賠償をしなければならないとは言えないように思います。

③の被害防止措置をとっているかどうかという点ですが、この点に関しては注意が必要です。環境問題に関する紛争では、加害者とされた側が、いつ被害を知ったかが重視され、「被害者の申し入れがあった時からは具体的に被害を知ることができたのに、その後何も対応しなかった」として、申し入れの時期を基準にしてその時から損害賠償の支払を義務づけた裁判例もありますので、申し入れを受けた以上、殺鼠剤の農地への流入があるのかを調査し、実際に流入があるようであれば、流入を防止したり、流入量を減少させる方法を検討して、対策を試みる必要が出てくると思います。

まとめ

以上検討してきましたが、農薬取締法に登録された薬剤を定められた方法によって使用していること、農薬を使用しない農作物栽培の継続についての期待が権利として守られる程度はさほど大きくないと考えられることを考慮しますと、損害賠償義務が認められる可能性は低いと思います。しかし、今回、農家からの申し出を受けたのですから、調査や対策の検討を全く行わず、相手方との話し合いもしないまま殺鼠剤散布を強行すると、損害賠償義務が発生する可能性が高まっていくとは思われます。

農家の要請をよく聴き取り、先方に調査を求めたり、殺鼠剤散布量や散布時期の調整をするなど採り得る対策を提案してみるというような柔軟な対応で解決を探るのがよいと思います。

損害賠償と損失補償

Q 隣地に崩れ落ちた土石を取り除く責任がありますか？

この夏の異常ともいえる集中豪雨によって、私の所有する山林の一部が崩壊し、この山林に接している水田に崩れ落ちてしまいました。

この山林については、伐採や工事などによる山地の形質変更はしていません。急斜面の山林ですが、私が記憶している限り、これまで山林の崩壊は全くありませんでした。まさに天災であり、私に責任があるとは思えませんが、そうはいっても私の山から大量の土石が流れ出して水田を覆っているわけで、放っておくわけにもいかないような気がします。

土石を取り除いて元の水田に復旧するためには、かなりの費用が必要と思われます。私もそれなりの費用負担をしなければならないかなとも思っていますが、このような場合、そもそも私に堆積した土石を取り除く責任や、費用を負担したりする義務があるのでしょうか。

A 崩落した土石を取り除くことまではしなくてもよいですが、取り除くために要した費用については応分の負担をする義務があるでしょう。

この夏は本当に異常な気候が続き、各地で豪雨による被害が出ました。あなたが山林を所有している地方も、そのような豪雨に見舞われたのだろうと思います。あなた所有の山林が崩れ落ち、隣地の水田に多量の土石が堆積している状態を見るのは、さぞ心が痛むことでしょう。お見舞い申し上げます。

Q1 誰が土石を除去すべきなのでしょうか。

A 現状は、山林が崩壊したことによる土石が隣地の水田に大量に堆積しているということですから、誰が見ても異常な状況になっていることは間違いないところでしょう。土石を取り除くということを考えた時には、関係者はあなたと隣地水田の所有者ということになりますが、この状況は、あなたが作り出したわけでもないし、隣地所有者が作り出したわけでもありません。しかし、ご近所のおつきあいもあることでしょうからこのまま放置するわけにはいかず、どのように解決したらよいか苦慮なさるのももっともなことだと思います。

Q　法律に詳しい人から聞いた話ですと、自分の土地に外部から何か異物が入り込んだ時には、その異物の所有者に対して、その人の費用負担で異物を取り除くことを要求できるのだということでしたが、そうですか。

A　通常の状況で考えた場合には、その通りです。法律的には、所有権に基づく妨害排除請求権といいますが、所有権の円満な行使、本件ですと水田を水田として普通に使用できる状態を妨げている者に対して、その妨害の排除を請求する権利と説明されています。

Q2　排除の費用は誰が負担することになりますか。

Q　妨害排除を請求できるということはわかりましたが、それは、

①使用を妨げている人に対して、その人の費用負担で、実際に妨害状態を排除することまで請求できるのか。

②自分が、自分の費用負担で妨害状態を排除するが、そのことに異議を述べたり、邪魔をしないことを請求できるにとどまるのか、どちらですか。

A　その点が裁判で争われたことがありました。古い判決ですが、大審院（今の最高裁判所）は、

「妨害を生じさせている土地の所有者は、不可抗力によって妨害状態が発生した場合を除き、故意過失を問うことなく侵害を除去する義務を負担する」と判示し、使用を妨げている人に対して、その人の費用負担で、実際に妨害状態を排除することまで請求できるという結論を出しました。

Q　先程も「通常の状況で考えた場合には」とおっしゃいましたし、今お話のあった裁判例でも「不可抗力によって妨害状態が発生した場合を除き」という言葉がありましたが、それはどういう意味でしょうか。

A　いくら隣地の通常の使用を妨害する状態を生じさせたといっても、それが不可抗力によるもので、妨害した人を到底非難できないようなこともあり得ます。そのような時にも、その人が自分の費用負担で妨害を排除しなければならないとしたらあまりにも過酷な要求になり、社会生活上の常識に反します。そこで、裁判所は、不可抗力による場合は別に考えましょう、と言ったわけです。

Q3　不可抗力とは、どんな場合を言うのですか。

Q　裁判所が言っている「不可抗力」というのは、どういう場合を指すのですか。私は、今回

A

の事態は「異常とも言える集中豪雨」によって山林の崩壊が起きた結果なので、まさに不可抗力によって妨害状態が発生したものだと思うのですが。

不可抗力とは、慎重に対処したとしても事態発生を防ぐことができないほどの異常事態、と考えればよいと思います。具体的には、自分ではコントロールできない事態で、戦争、反乱、暴動、ストライキなど人間が引き起こ異常事態のほか、暴風雨、地震、洪水など自然災害も含むとされています。しかし、そのような異常事態にも程度の差はありますから、地震が起きさえすれば不可抗力かというとそうではありません。震度3～4程度では、不可抗力とは言えないでしょう。相当程度の注意を払っていても、結果として生じた事態、今回の件で言えば山林の崩壊による土石の堆積を防止することができないほどの程度に達していた異常事態でなければなりません。

あなたのお話では、あなた所有地は急斜面の山林ではあるが、あなたが記憶している限り過去に山林の崩壊はまったくなく、今回の事態は「異常とも言える集中豪雨」によって山林の崩壊が起きたということですから、不可抗力に当たると考えてよいと思います。したがって、あなたには、水田上の土石を自ら取り除く責任はなく、土砂の除去費用をすべて負担する義務もないと考えられます。

Q4　不可抗力による場合の費用負担は、どう考えるのでしょうか。

Q　私に土石を取り除く責任はなく、除去費用を負担する義務もないとすれば、隣地水田の所有者が費用全額を負担して土石を取り除くことになりそうですが、それでは隣地所有者は気の毒だと思います。法的に争った場合は、最終的にどうなるのでしょうか。

A　実際に裁判になった例があります。その裁判で東京高裁は、原則的には、妨害排除のための費用は妨害者側（本件ではあなた）の故意過失を論じることなく妨害者側が負担すべきとしつつも、「両者の土地が相隣地の関係にある場合に、妨害が土地崩落を内容とするものであり、しかも妨害者側の人為的作為に基づくものでない時には、妨害者側の費用をもってする危険防止措置の請求をなし得ず、…このような場合には、むしろ土地相隣関係の調整の立場から民法223条、226条、229条、232条の規定を類推し、相隣地所有者が共同の費用をもって右予防措置を講ずるべき」と判示しました。

また、横浜地裁は、右の判決を踏襲しながら、費用の具体的負担については、予防措置設置によって双方が得られる利益の比率で分担することとしました。

Q　私は、山林の伐採や工事などによる山地の形質変更はしていません。まさに天災であり、私に責任があるとは思えませんが、今お話しになった裁判例に従えば、私も土石の除去費用の一部を負担しなければならないということでしょうか。

A

裁判例を参考にして考えてみます。本件では、次のような分析ができます。
①まず、土石の堆積した水田とあなたの山林とは相隣地の関係にあること、
②妨害は土地の崩落によって生じていること、
③また、土砂崩落の原因は異常な集中豪雨であって、山地の形質変更等の人為的作為は加えていないこと

そうであれば、水田の所有者は、あなたに対して土石の除去を請求することはできず、結果的には、自分で土石を除去せざるを得ないことになると考えられます。そして、その除去に要した費用は、双方が受ける利益の割合に従って負担するのが妥当ということになりましょう。双方が受ける利益の割合をどう考えたらよいかについての基準はありませんから、結局双方の話し合いで決める以外にないということになります。

Q 村有林の林道に架かっている老朽化した橋の管理方法として、とりあえず危険を知らせる看板を立て、移動可能な柵を設置しましたが、万一事故が起きた時に責任を問われることはありませんか。

村有林の林道に橋が架かっていますが、老朽化して、車が通行するには危険な状況になっています。この林道の終点には私有地があり、所有者が夏季を中心に宿泊施設を営業していて、車が通行しています。そのため、現在、架替工事の準備を進めていますが、時間がかかるので、とりあえず「危険なため車両での通行を禁止します」と書いた立看板を立て、さらに移動が容易な柵を設けています。

このような事故防止策を講じたのですから、万一橋の老朽化を原因とする事故が発生しても、村は責任を問われることはないと思いますが、いかがでしょうか。

A
老朽化した橋の架替工事には準備が必要でしょうから、とりあえずの措置としては看板と柵の設置で対応するしかありません。しかし、柵の移動が容易であるということは、移動することを半ば黙認しているようにも思われますし、移動された状態を長時間放置している間に事故が起これば、責任を問われます。

Q 橋に関する責任を考える時に、まず必要なことは何ですか。

A 橋とは、法律的にはどのような種類の物的設備とされているかを考えなければなりません。ご質問にある林道の終点には宿泊施設があり、そこに行くために車が通行しているというのですから、林道はもちろんのこと、それに架かる橋も、一般の人が普通に通行できる設備ということになります。したがって、林道に架かる橋は、「公の営造物」であり、土地に接着して人工的作業を加えたものですから「土地の工作物」ということになります。

Q どうして物的設備の種類を考えなければならないのですか。

A それは、物的設備の種類に応じて、法律的な責任のあり方が異なるからです。ある物的設備が公の営造物ということになれば、物的設備にまつわる責任については国家賠償法という法律が定めていますし、土地の工作物であれば、公の営造物でないものについても民法という法律に従うことになるのです。

瑕疵《かし》があるか、ないか?

Q 責任があるとかないとかを決める時に問題となるのは、どのようなことですか。

A 皆さんは、いろんな場面で「かし」があるとかないとかいうのを聞いたことがあると思います。漢字では「瑕疵」と書き、「かし」と読みます。

瑕疵というのは、公の営造物や土地の工作物が通常有している安全性を欠いている状態のことを意味し、「営造物の設置管理や保存に瑕疵がある」という言い方をするわけです。

Q 物的設備に関して責任が生ずるのは、どのような場合なのですか。

A 公の営造物や土地の工作物が通常有している安全性を欠いていると、それを使った人々が思いもかけないケガを負ったり、所有している物が壊れたりすることがあります。ケガや物が壊れたことの原因が安全性の欠如にあると判断されれば、受けた損害は当然賠償してもらわなければならないということになります(国家賠償法2条第1項、民法717条第1項)。ですから、責任が生ずるのは、一言で言えば、物的設備に瑕疵がある時ということになります。

Q 瑕疵があるかないかは、簡単に決まることですか。

A 営造物・工作物が備えているべき安全性は、絶対的なものである必要はありませんが、通常予想される危険に対処しうる程度のものでなければなりません。どのような場合に通常予想される危険に対処できない程度である、すなわち瑕疵があると判断されることになるかは、営造物・工作物の構造、用法、場所的環境及び利用状況など諸般の事情によります。したがって、一般的な基準をあらかじめ決めておくことはできず、何らかの事故が発生した時に、その状況に応じて個別に、具体的に判断するしかありません。

裁判例としては、国道に面した山地の上方部分が崩壊して落下した岩石の直撃を受けて人が死亡した事故について、最高裁判所は、「交通量が多く、しばしば落石があったのだから、「落石注意」の標識を立て、あるいは竹竿の先に赤の布切をつけて立て、これによつて通行車に対し注意を促す処置を講じただけでは足らない。防護柵または防護覆を設置し、あるいは山側に金網を張るとか、常時山地斜面部分を調査して、落下しそうな岩石がある時は、これを除去し、崩土の起こる恐れのある時は、事前に通行止めをするなどの措置をとらなかったことについて、管理に瑕疵があった」と判断しました。

Q 老朽化というのは、経年劣化であり、自然に古くなったわけですが、そのようなものについても瑕疵があると判断されることがあるのですか。

A 公の営造物や土地の工作物が通常有している安全性を欠いている状態が瑕疵であり、瑕疵があれば、そうなった原因は問題ではありません。したがって、経年劣化であっても、現に安全性を欠く状態であれば、管理保存に瑕疵があるということになります。

立て看板、柵の設置だけでは不十分か?

Q しかし、村が設置した橋を架け替えようとすれば、かかる費用については当然村議会の決議が必要になります。また、設計をしてもらったり、建設会社に発注して架替工事を実施したりするにも、相当時間がかかります。その間、現在の状態を放置はできませんので、とりあえず「危険なため車両での通行を禁止します」と書いた立看板を立て、さらに移動が容易な柵を設けようとしているのですが、それでは不十分ですか。

A 橋が老朽化し、崩落する危険があるとすれば、瑕疵があることは明らかです。しかし、橋を架け直すにも準備のために時間がかかることは当然ですので、その間、事故が起こらないよう十分な対策をとっておく必要があります。

看板と言っても、看板の大きさ、掲示場所など目につきやすさに様々な状況が考えられますし、柵についても、大きさ、形状などは様々です。お話だけでは対策の具体的内容が不明なので、それで十分であるかどうかは判断できません。

危険であることが必ず人の目につくような形で表示され、車両で侵入が不可能となるような柵を設けているのであれば、一般的には、橋の管理保存に瑕疵はないと言えるでしょう。

誰かが立て看板や柵を移動した場合の責任は?

Q　心配なのは、看板や柵は移動が可能なので、誰かが立看板や柵を移動したりしないだろうか、ということです。もし、誰かがそんなことをしたら、村の責任はどうなるでしょうか。

A　裁判例を見てみましょう。

①工事中の県道上に道路管理者が工事標識板、バリケード及び赤色灯標柱を設置していたが、事故直前に第三者によって倒されていたため発生した事故について、最高裁判所は、「本件事故発生当時、設置した工事標識板、バリケード及び赤色灯標柱が道路上に倒れたまま放置されていたのであるから、道路の安全性に欠如があったと言わざるを得ない。しかし、それは、夜間、しかも事故発生の直前に先行した他車によって惹起されたもの

であり、時間的に遅滞なくこれを原状に復し道路を安全良好な状態に保つことは不可能であったというべく、このような状況の下においては、道路管理に瑕疵がなかった」と判断しました。

②国道の中央線近くに故障した大型貨物自動車が長時間放置されていたところへ原付バイクで衝突した被害者が死亡した事案において、同じく最高裁判所は、「幅員7・5mの道路中央線付近に故障した大型貨物自動車が87時間にわたって放置されていた状態は、道路の安全性を著しく欠如する状態であった。そうであるにもかかわらず、道路を常時巡視して応急の事態に対処しうる監視体制をとっていなかったために、本件事故が発生するまで故障車が道路上に長時間放置されていることすら知らず、まして、故障車のあることを知らせるためのバリケードを設けるとか、道路の片側部分を一時通行止めにするなど、道路の安全性を保持するために必要とされる措置を全く講じていなかったのであるから、本件事故発生当時、道路管理に瑕疵があった」と判断しました。

Q 私たちの村の場合はどうなるでしょうか。

A 裁判例から考えれば、管理者と関係ない行為や原因によってもたらされた欠陥であっても、結果が発生しないような回避措置を講じるだけの時間が経過していれば瑕疵になり、結果的に管理者が責任を負うことになります。したがって、立看板や柵を設置していたとしても、誰かがそれを移動させ、村がその状態を復旧できる時間的余裕があるのにそのまま放置していたという事情や、その都度柵を移動させて通行することができる程度の柵であったり、また、そのようにして通行している車があるのにこれを黙認していたといった事情があれば、事故が起こった際に、村が賠償責任を負うことは十分考えられると思います。

要は、事故が起こらないように最善の注意をしていたかどうかが重要になります。

Q

事故について責任を負わないという看板が園内に立ててあり、入場も無料という自然公園内で事故が起きた場合には、公園管理者に対して損害賠償の請求ができないのでしょうか。もし入場が有料であれば、結論が変わりますか。

先日、山間地の集落にある自然公園内で「公園内での事故等にはいっさい責任を負いません」と書いてある立て看板を数ヵ所で見ました。この自然公園は小川を中心にした公園で、売店・食堂が中心施設です。他にはバーベキューができる施設や、何棟かの東屋などがあります。

また、河川沿いに散策路などが整備されています。バーベキュー施設の利用は有料ですが、公園への立ち入りは自由で、無料開放しています。

事故について責任を負わないという看板を立てていますし、入場も無料ということだと、もし事故が起きても、公園管理者に対して損害賠償の請求ができないということになるのでしょうか。仮に入場料を払っている場合には、どうなるのでしょうか、併せて教えてください。

A 公園の安全管理に欠陥があれば、立て看板があっても損害賠償の請求ができます。このことは、入場が無料であっても有料であっても変わりません。

公園は誰が設置したものか

ご質問の自然公園は、小川を中心にした公園で、売店・食堂・バーベーキュー施設があり、何棟かの東屋のほか川沿いに散策路も整備されているというのですから、相当の費用をかけて造られた公園だと思われます。そのような公園を民間が整備して無料開放するようなことは通常考えられませんので、公園の設置管理者は市町村などの地方公共団体だと思われます。そこで、今回のご質問に対しても、それを前提にご回答することにします。

基本的な法律の定め

国や地方公共団体が設置した設備で起きた事故については、国家賠償法が適用されます。具体的には、国家賠償法は、国または公共団体は「道路、河川その他の公の営造物の設置又は管理に瑕疵があった」場合にはこれによって生じた損害を賠償する責任を負う、と定めています。その他、法律の定めとしては、竹木の植栽・支持に瑕疵がある場合についての民法上の責任も考えられますが、責任の有無についての考え方は国家賠償法とほぼ同じですので、ご説明は省略することにします。

公の営造物について

Q 「公の営造物」とは、どのような物を指すのですか。

A 自然公園は、多数の人々に対して、自然に触れながら時間を過ごしてもらう機会を与えることを目的として、公の団体である地方公共団体が設けたものですから、その中に造られた物的な施設は、「公の営造物」ということになります。本件でいえば、売店や東屋といった建物やバーベキュー施設はもちろん、河川沿いの散策路もこれに該当します。実際に、いくつかの裁判例では、自然公園内の遊歩道が「公の営造物」に該当すると判示されています。

設置または管理の瑕疵について

Q　では、「設置又は管理の瑕疵」とは、どのような場合をいうのでしょうか。

A　裁判所は、「営造物が通常有すべき安全性を欠いていること」をいうと判示しています。そして、このような瑕疵の存否を判断するにあたっては、問題となる営造物の構造、用法、場所的環境、被害者の能力などを総合的に勘案して、個別具体的に判断すべきであると述べています。

Q　設置管理上の瑕疵が裁判所で争われた具体例を教えてください。

A　①最近の裁判例では、奥入瀬渓流の遊歩道において観光客がブナの枯れ枝の落下により負傷した事故について、県の責任が認められた事例があります。この事件では、当該ブナの木が観光客の頭上を広く覆った形で生育し、いつ枝が落下するかわからない状況にあったにもかかわらず、県は十分な点検をせず、危険な枝の伐採、立ち入りの制限、警告の掲示をいずれもしなかったことなどを理由に、県の設置管理上の瑕疵が認められました。

②また、公園の芝生広場で遊んでいた小学生が、芝生広場の延長上にある崖から転落して

死亡した事故について、県の責任が認められた事例があります。この事案では、当該芝生広場が、十分な判断能力を有しない「幼児や児童が頻繁に利用する場所として」通常有すべき安全性に欠けているとされました。

③もう1つ例を挙げると、動物園での事故ですが、背もたれのないサークル状ベンチに1人で登った幼児が、仰向けに転倒し、サークル状ベンチの輪の内側に植えられていたツツジの枯れ枝が後頭部に刺さって死亡した事故について、サークル状ベンチの内側に枯れ枝の混ざったままのツツジを植裁していた市の管理に「瑕疵」があるとされた事例がありま す。この事例においても、来園者の多くが子供連れであること、子供が単独で上れる程度の高さのベンチであったこと、背もたれがなければ子供がベンチの内側に転倒することは予見できたことなど、個別具体的な事情に基づき判断が下されています。

Q 私が質問している自然公園では、どのような管理をすべきなのでしょうか。

A 先に挙げた裁判例からわかるように、公の営造物についての設置管理責任を果たすためにどの程度の対策をとるべきかは、個々の施設ごとに、その用法や利用者の特性などの諸事情を総合的に考慮して判断することになります。

ご質問の自然公園は、山間地にある小川を中心とした公園とのことであり、売店・食堂・

東屋・バーベキュー施設などが設けられていることを考えれば、お年寄りから幼児まで様々な人々に利用してもらうことを目的としているのでしょう。そのような施設においては、公園内の河川に転落したり、木の枝が落下してきたり、バーベキュー器具の整備不良などによって、利用者がケガをすることが十分想定されます。また、公園内に設置したベンチが老朽化すれば、ベンチを利用した者が思わぬケガを負うこともあるでしょう。

このように、自然公園においては様々な形で事故が起きる可能性がありますから、そのような想定を前提に、利用者に不測の被害を与えないように努めなければなりません。

立て看板は責任の有無に影響しないのか

Q この自然公園では、「公園内での事故等にはいっさい責任を負いません」という看板を何カ所にも立てています。利用者は、その看板を目にしながら自然公園を利用するのですから、公園側は責任を問われないのではないですか。

A 看板には設置管理者側の一方的な宣言が書かれているだけだと考えられますから、利用者が看板を目にしていたとしても、利用者と管理者との間で、管理者の損害賠償責任を免除する合意がなされたとは言えないでしょう。

したがって、本件のような立て看板を立てることは、訪問者に注意を促すという事実上の意味はあるとしても、公園管理者の法的責任を免れさせる効果までは持たないのです。

立て看板を立てるのであれば、落石が予想される場所への立ち入りを禁止するなど、利用者が被害を避けるために具体的な行動を採れるような内容にすべきであり、公園側が管理責任を果たしていたと誰からも評価されるものでなければならないと思います。

無料開放について

Q 自然公園は無料で開放されているので、管理者によほどの落ち度がない限り、責任追及ができないようにも思えるのですが。

A 入場料の有無に関わりなく、管理者は、利用者が思わぬケガをしないよう、自然公園内の施設を安全に保つよう十分な配慮をすべきであると誰もが考えるのではありませんか。ですから、たとえ無料で開放しているとしても、そのことをもって管理者が責任を問われにくくなるわけではないし、逆に有料とすることで責任を問われやすくなるわけでもないと考えます。裁判例を探しましたが、入園料が無料であるか否かを判断要素とした例は見当たりませんでした。

Q 自分が所有する山の中に仕掛けたワナで、山に入ってきた他人やペットがケガをした場合に、山林所有者は責任を問われることになりますか。

私のところでも野生動物による被害が年々深刻化し、農作物だけでなく山の木々にも被害が及んでいます。そこで、その対策として狩猟用のワナの免許をとって、ワナを仕掛けようと思うのですが、仮に私の仕掛けたワナで人間やペットがケガをするなどの事故が発生した場合に、私の責任が問われるのでしょうか。私の山に勝手に入ってきたのだから訴えられることはないと思いますが、いかがでしょうか。もし責任を問われる場合があるとすれば、その責任を回避するためにはどのようにすればよいのでしょうか。

A 事故が発生しないよう十分に注意してワナを設置したと言えなければ、民事上の責任を負うことになります。また、場合によっては刑事上の責任を問われる可能性もあります。

危険な行為であっても、およそ禁止されるわけではない相談者もご心配になっておられるように、ワナを仕掛けることは、その仕掛け方によっては、誰かがケガをしたり、ペットがワナにかかって傷つくかもしれないと予想できる危険な行為です。しかし、世の中には危険な行為であることがわかっていても、社会生活上有用だと考えられて必要だと判断される場合もあります。今回の相談のような害獣の駆除もその一例でしょう。

もし自分や自分のペットがケガをしたら

あなたが山道を散策していて突然ワナでケガをされた時のことを考えてみてください。歩いている人がケガをしないよう、もっと安全な方法でワナを仕掛けておいてくれればケガをしなかったのにとか、せめて、ワナを仕掛けてあるならわかるようにしておいてくれればよかったなど、ケガをしないように十分注意して欲しかったと思われるのではないでしょうか。

ワナを仕掛ける行為は、必要である反面、危険を伴うことをわかっていて行うのですから、人やペットに危害が生じないよう万全の配慮をしなければなりません。そのような注意を払わないまま漫然とワナを仕掛けたような場合には、法律上の責任を問われることになります。法律上、責任という場合には、民事上の責任と刑事上の責任が考えられます。

民事上の責任

民事上問われる責任としては、「故意又は過失によって他人の権利又は法律上保護される利益を侵害した者は、これによって生じた損害を賠償する責任を負う」ものとされていますので（民法709条）、被害者が被った損害を賠償する責任が生ずる可能性があります。

「故意又は過失」とされていますから、責任を負うのは、わざと結果を発生させた場合だけでなく、不注意により結果が発生したという場合も含まれます。見方を変えると、結果が発生しないように十分注意を払っていた、すなわち過失がないといえる場合には、責任を負う必要はないということになります。どのような場合に過失がないと判断されるかは、ワナを仕掛ける場所や、仕掛ける時間帯、設置の具体的な状況にもよりますので、一概に述べることはできません。

ただ、山には山菜取りなどで他人が入ってくることは十分予想されます。そのように予想することが通常である以上、自分が所有している山であるというだけでは、過失がないということにはならないと考えられますから、責任を免れることにはならないでしょう。

また、「ワナを仕掛けてある。危険！」とか「立ち入り禁止」などと記載した看板を設置していても、看板を見落とす人がいるでしょうし、書いてある意味を理解できない児童が山へ入ることまでを阻止することはできません。したがって、看板を設置しただけでは、責任を回避できるとは言えないでしょう。客観的に見て、これだけのことをしていたのだからまさか事故が起きるなんて思いもしなかったといえるだけの注意をしていたかどうかが基準になると考えられます。

参考になる裁判例としては、4歳9カ月の男児が貯水槽に転落溺死した事件で、貯水槽は通常有すべき安全性を備えていたとしたものがあります。

なお、法律上、狩猟するには、狩猟免許を取得する必要があるほか（鳥獣の保護及び狩猟の適正に関する法律39条）、都道府県知事による狩猟者登録をしなければなりませんが（同法55条以下）、狩猟者登録する際に3000万円以上の賠償責任保険の被保険者であること等が要件とされ（同法56条、同施行規則65条1項6号・67条）、提出しないと狩猟者登録を拒否されることになっているのも（同法58条3号、同施行規則67条）、危険を伴う行為についての法的な手当てとして参考になると思います。

発生した損害を賠償する責任がある

ワナを仕掛けるに際して過失があり、民事上の責任を負う場合には、社会通念上発生することが相当といえる範囲内での被害者の損害を賠償しなければなりません。誰かがケガをしたという時であれば、被害者の治療費や入院費、治療のための休業による減収分に相当する損害が発生することが考えられます。また、後遺症が残ることになった場合には、後遺症がなければ将来得ることができたであろう逸失利益や後遺症慰謝料を賠償することになります。ただし、ワナを仕掛ける際に注意を払っていれば、それが十分でなかった場合にも、ケガをした人も不注意だったとされ、過失相殺がなされることがあります。

ペットがケガをした場合にはその治療費、死亡した場合には、ペットは法律上「物」として扱われますので、ペットショップで取り引きされる価格（時価）について賠償することになります。飼い主に不注意があれば、人のケガと同様、過失相殺がされることになります。

刑事上の責任

以上述べた民事上の責任に加え、「必要な注意を怠り」そのために人がケガをした場合には、業務上致死傷罪（刑法211）という刑事上の責任を問われる場合もあります。同罪の法定刑は、5年以下の懲役もしくは禁固または百万円以下の罰金とされています。

最後に

ワナを仕掛ける資格があったとしても、必要な注意義務を怠れば、民事上・刑事上の責任を負うことに変わりはありません。繰り返しになりますが、ワナを仕掛ける時には、事故が起こらないよう十分注意する必要があります。

Q 森林造成、整備、伐採などの研修中に起きた人身事故についての法的責任はどうなりますか。

緑化や森林整備への関心の高まりとともに、森林造成（植林）への参加や整備（下刈り、枝打ち、伐り捨て間伐）、伐採などの研修の機会が多くなりましたが、作業中の事故等も発生しています。主催者と参加者が雇用関係の場合は労災保険など補償もありますが、造成や伐採などの研修への任意参加の場合、作業事故の責任はどうなるでしょうか。主催者が公共団体の場合、団体が公益法人の場合、任意団体の場合などで異なると思いますが、その処理方法について、法制上の取り扱い及び対応策をご教授ください。

A ケガをさせた参加者、その指導者、主催団体は、特別の事情がない限りケガをした参加者に対する損害賠償の責任があります。そのような場合に備えて保険に入っておくことをぜひ検討してください。

はじめに

林業作業は危険を伴うものが多いですから、慣れない作業に従事した参加者が事故によってケガを負ったり、場合によってはお亡くなりになったりすることは十分考えられることです。ここでは、モデルケースとして、参加者Xが下刈り作業中に草刈機の操作方法を誤り、近くで作業していた参加者Yにケガをさせた場合を想定し、誰がどのような法的責任を負うかを述べた上で、それに対する対応策を考えることとします。

ケガを負わせた参加者本人の責任

Q モデルケースの場合には、直接の加害者であるXは、Yに対してどのような責任を負いますか。

A 民法（709条）には、故意または過失によって他人に損害を与えた者は、その損害を賠償する責任がある、との定めがあります（この責任を「不法行為責任」と呼んでいます）。「故意」は「わざと」、「過失」は「不注意で」と言い換えてもよいでしょう。

Q　Xには「過失」があるので、責任を負うということになりますか。

A　Yが突然草刈機の前に飛び出してきたような特別の場合を除いては、その通りだということになります。Xは、草刈機の操作という危険な作業をするのですから、他人にケガをさせないように注意しなければなりません。「操作方法を誤った」というのですから、過失（不注意）があったと考えざるを得ません。その過失によって、Yにケガを負わせてしまったのですから、Yが被った損害を賠償する責任を負うということになります。

指導者の責任

Q　法的責任を負うのは直接の加害者だけですか。

A　研修には、作業に熟練した指導者が同行しているのが通常だと思います。指導者は、職務上、参加者が安全に作業を行うことができるように注意を配り、指導をする義務がありま す。ですから、指導者として払うべき注意を怠った結果、参加者がケガをしたのであれば、指導者には「過失」がありますから、民法７０９条により、損害賠償責任を負うことになります。

Q　モデルケースの場合はどう考えられますか。

A　モデルケースの場合では、指導者は、草刈機を使用する参加者に対し、操作方法を十分に説明するとともに、参加者同士が適切な距離を保って作業しているか目を光らせて監督する義務があったと考えられます。

指導者がこのような義務を怠ったために事故が起きてしまったのでしょうから、注意を払っていてもなお事故は防げなかったというような特別の事情がない限り、指導者もＹに対して損害賠償責任を負うということになりましょう。

主催者の責任

Q　主催者にも法的責任がありますか。

A　指導者には、主催者の職員かまたは主催者から一時的に依頼された者がなるのが通常でしょう。その指導者が損害賠償責任を負う場合には、主催者たる団体も法的責任を負うことがあります。ただし、主催者が国または公共団体か、そうでないかによって、次のように法律上の取り扱いが異なります。

①主催者が国または公共団体の場合

この場合には、国家賠償法が適用されます。その1条1項は、「国又は公共団体の公権力の行使に当る公務員が、その職務を行うについて、故意又は過失によって違法に他人に損害を加えた時は、国又は公共団体が、これを賠償する責に任ずる。」と定めています。

Q　研修の指導は「公権力の行使」に含まれるのでしょうか。

A　「公権力の行使」というと、一見、権力的な行為だけが対象となるように思えますが、研修指導のような非権力的な行為も含まれます。

Q　指導者が公務員でない場合も、国または公共団体は責任を負いますか。また、ボランティアで指導をしていた場合はどうですか。

A　法律には「公務員」と書かれていますが、これは、公務員の身分を持っているか否かに拘わらず、広く公務を委託されてこれに従事する一切の者をいいます。無報酬のボランティアである指導者も、公務員に当たります。

以上の通りですから、モデルケースで指導者が損害賠償責任を負うという原則的な場合には、国または公共団体も損害賠償責任を負うことになるのです。

②主催者が国または公共団体以外の場合

主催者が民間団体の場合は、民法715条によって処理されます。このことは、主催者が公益法人であっても任意団体であっても変わりません。民法715条1項は、「ある事業のために他人を使用する者は、被用者がその事業の執行について第三者に加えた損害を賠償する責任を負う」と定めています。

Q 「事業」や「使用する」の意味について教えてください。

A 「事業」は、営利事業だけでなく、広く非営利的なものや一時的なものも含みます。また、「使用する」関係とは、雇用関係に限らず、実質的に指揮監督する関係があれば足り、また無報酬の場合も含みます。

このように「事業」や「使用する」というのは広く考えられているので、モデルケースにおいて指導者が責任を負う場合には、主催者も、原則としてYに対して損害賠償責任を負うことになります。

Q 例外もあるのですか。

A 民法715条1項但書には、使用者が被用者の選任・監督に相当の注意をした時や相当の注意をしても事故を防げなかったような場合には、使用者は免責されるとの定めがあります。

しかし、実際にはこの定めは有名無実化しており、裁判所はこの例外をまず認めないと言って差し支えないほどです。

X、指導者、主催者の責任関係

Q　X、指導者、主催者の三者が責任を負うことになった場合に、Yとの関係では、まず誰が責任を負うのでしょうか。

A　Yは、誰にでも損害の賠償を請求することができますから、請求を受けた者が支払うことになります。

Q　主催者がYに対して損害金を支払った場合には、指導者やXにこれを求償することができますか。

A　まず、指導者との関係ですが、国または公共団体も、それ以外の団体も、公務員または被用者（今回の指導者がこれに当たります）に故意または重過失（重大な不注意）があった時は、求償することができます（国家賠償法1条3項、民法715条3項）。ただし、国または公共団体以外の団体の場合は、「損害の公平な分担という見地から信義則上相当」な範囲に制限されるとするのが、裁判所の考え方です。

次に、Xとの関係では、指導者（またはそれに代わって責任を負う主催者）とXとの過失割合に応じ、Xに応分の負担を求めることはできるでしょう。

対応策

Q　法的責任についての法律上の取り扱いはわかりましたが、それに対してどのような対応策をとればよいのでしょうか。

A　何より、事故を予防するための注意を怠らないことです。主催者や指導者としては、参加者が事故に巻き込まれないよう、細心の注意を払うべきです。どのような注意を払うべきかについては、参加者の年齢・経験、研修内容によって異なりますが、各参加者の特性や、その研修のどこに危険が潜んでいるかをよく見極め、必要な注意・指導をすることが重要です。場合によっては、実地研修の前にハンドブック等を利用した講義を行うといったことも必要でしょう。
また、不幸にして事故が起きてしまった時に備え、参加者に保険加入を義務づけるか、主催者が参加者を被保険者とする保険に加入しておくことは絶対に必要だと考えます。参加者自身がケガをした場合に備える「傷害保険」と、第三者にケガを負わせてしまった場合に備える「賠償責任保険」がありますから、両方をカバーする保険に加入しておくとよいでしょう。保険会社には、ボランティア保険など様々な種類の保険がありますから、確認してみてください。

Q　私の所有山林を通るルートで高速道路の建設が予定されていますが、説明を受けた土地・立木の補償のことがよくわからないので、アドバイスをお願いします。

私どもの地域に高速道路の建設が予定されており、私が所有する山林（スギ人工林・60年生）を通る計画となっています。先日その説明会で補償等についても説明がありましたが、それが一般的に妥当なものなのか比較できずに心配です。ちなみに林道については、他の地域では縦貫林道建設時に土地と立木は補償しないという方針で事業が進められたという話も耳に入っております。私の場合は林業経営に何もメリットのない高速道路の開設ですから、その場合の土地や立木の補償について、法律上どのような権利を主張することが可能なのかアドバイスをいただけましたら幸いです。

A 公共用地の買収に関して策定されている「損失補償基準とその細則」をよく検討し、どのような補償が受けられるかを確認するようにしたらよいでしょう。

個人の財産権と公共の利益の関係

ご相談のような高速道路建設の場合に限らず、公共事業を行うために民間人が所有している土地を利用する必要が生じた場合には、公共事業を行う国・地方公共団体などの公的団体には、土地所有者の財産権に配慮しつつ事業を推進していくことが求められます。特に、その土地上に何らかの施設を建設することが必要不可欠である場合には、現在の土地所有者にその土地を明け渡してもらわなければならないことになりますので、当然ながら、相応の補償がなされなければなりません。

これには、憲法上の根拠があります。日本国憲法29条1項は、「財産権は、これを侵してはならない」と定めていますので、国や地方公共団体は、必要だからといって、むやみに個人の財産を取り上げたり、勝手に個人財産を使用したりすることはできません。ただ、個人の財産権をあまりにも絶対視してしまうと、どんなに社会のためになる公共事業でも、個々の国民の財産権を侵害するものは一切実施できないことになってしまい、それではかえって不都合です。

そこで、憲法29条2項は「財産権の内容は、公共の福祉に適合するやうに、法律でこれを定める」として個人の財産権に一定の制限があり得ることを定め、さらに、同条3項は「私有財産は、正当な補償の下に、これを公共のために用ひることができる」として個人の財産権と公共の利益のバランスを図っています。

土地収用法による土地の収用

この憲法29条3項を受けて、私有財産を公共の用途に用いる際の補償については、様々な法律に規定が置かれています。その中でも代表的なものが、公共事業用地の取得などについて定めた土地収用法です。ご相談の事例のような高速道路建設についても、土地収用法の適用があると定められています。

土地収用法によれば、公共事業を行う公的団体（以下「公共事業者」と言います）は、所定の手続きを踏んだ上で、事業予定地の所有者に対して補償金を支払えば、強制的に土地を取得できることになっています。これを土地の収用と言います。また、これに合わせて、収用される土地の所有者は、公共事業者に対して補償金の支払を請求することができると定められています。

補償金の内容・算定基準についても、土地収用法及びこれに付随する政令に定められています。その詳細については、後でご説明することにします。

このように、公共事業者は、土地収用法に基づいて、補償金を支払えば事業予定地を強制的に取得することができます。しかし、公共事業者と土地所有者との間で土地の譲渡について合意できるなら、このような強制的な手続きをとる必要はありません。そこで、実際には、公共事業者は、いきなり土地収用手続をとるのではなく、まずは土地所有者に補償金を提示し、任意で土地を売ってくれるように交渉します。土地収用法は、この交渉が最終的に決裂した場合のいわば伝家の宝刀として用いられるものなのです。

買収交渉における補償

最初の段階で行われる用地買収交渉の際に、公共事業者が、土地所有者に提示する補償金の内容や算定基準については、特に法律で定められているわけではありません。各公共事業者は、公共用地の取得に関する事務を行っている行政機関の連絡調整団体である中央用地対策連絡協議会がまとめた「公共用地の取得に伴う損失補償基準」及び「公共用地の取得に伴う損失補償基準細則」を基に損失補償基準を定めており、これに基づいて補償金を算定しています。

この損失補償基準の内容は、土地収用法及びそれに付随する政令に定められている補償金の内容・算定基準とほとんど変わりありません。土地所有者としては、この損失補償基準があることによって、公共事業者に対して、買収交渉の段階から、土地収用法に規定されている補償と同様の補償を行うよう求めることができることになります。

損失補償基準の内容

紙面の都合上、逐一ご説明できませんが、損失補償基準の主な内容としては、次のようなものがあります。なお、土地収用法上の補償についても同様です。

①土地に対する補償

近隣で同等の土地を取得することができる金額を基準として、土地の形状、周辺環境、収益性などを総合的に考慮して補償金額を算定することとされています。林地の場合には、土質や林道の整備状況等も考慮されます。

②土地上の建物・工作物等に対する補償

これらを移転することができる場合には移転費用が補償され、移転が不可能な場合には、土地の場合と同様に、同等の物件を取得することができる金額を基準として補償金額が算定されます。

③用材林の伐採に対する補償

まだ伐採期に至っていない用材林を伐採しなければならない場合には、伐採期前に伐採しなければならなくなったことによる損失（価格の低下等）についても補償することとされています。

なお、既に伐採期にある用材林については、補償する旨の規定はありません。これは、伐採期にある用材林の立木は、伐採すれば通常の市場価格で売却することができ、土地所有者に特段の損害は生じないという考え方によるものです。ただし、伐採時期や伐採方法を選べなかったことによって、伐採・搬出に要する費用が増加したり、木材の売却価格が低下すると認められる時は、その分を補償するとされています。

④残地の取得による補償

所有している土地の一部が公共事業予定地となっており、その部分を手放すことになった結果、残りの土地では、それまでその土地を利用してきた目的を果たすことができなくなってしまう場合（所有地の面積が大幅に減少して林業経営が続けられなくなる場合等）には、土地所有者は、公共事業者に対し、残りの土地についても補償金を支払って取得するよう求めることができます。

補償金額の妥当性

公共事業者は、このような損失補償基準に基づいて補償金を算定しますので、提示される補償金額にはそれなりの根拠があることになります。ただ、そうはいっても、公共事業者が提示する補償金額は、いわば買い手の言い値ですから、土地所有者としては、金額の妥当性を確認したいところです。

しかし、土地所有者が補償金額が他の事例と比較して妥当かどうかを判断するのは非常に困難と思われます。先に述べたような基準で補償金額を算定するには高度の専門知識が必要であり、素人が独自に算定できるものではありません。また、土地の補償額については、地形や周辺環境など様々な要素を総合的に判断して算定されますから、他地域における用地買収の補償額と単純に比較してみても、あまり意味はありません。土地の評価に詳しい不動産鑑定士等の専門家に相談することも考えられますが、特にご相談のような山林の場合には、そのような専門家が見つかるとは限りませんし、土地の広さによっては相当の費用がかかることになります。

このような状況の中で、土地所有者にできることとしては、提示された補償金額の内訳とその算定根拠について、損失補償基準に沿って詳しく説明するように求めるということに尽きるでしょう。話を聞く中で、損失補償基準によれば補償されるべきものが盛り込まれていないとか、一応盛り込まれていても不当に軽視されているといった問題があると判断されるような場合には、公共事業者に補償額を再検討するよう求めることになります。

補償金額に納得できない場合

最終的に補償金額に納得できない場合は、任意の用地買収交渉である限り、土地の売却を拒絶することも可能です。ただし、その場合には、公共事業者は、強制的に土地を取得するべく、土地収用法に基づく土地収用手続をとってくるでしょう。

その際は、土地収用法に基づいて補償金が支払われることになりますが、ご説明した通り、土地収用法上の補償の内容は、公共事業者の損失補償基準とほぼ同様であることから、補償金の額は、任意交渉で公共事業者が提示した金額と同等に止まる可能性が大きいと思われますので、その点にご留意ください。

Q 作業路網を設けて利用間伐をしているが、近くの取水施設によって引水した飲用水に濁りが出たり、水量が減ったという苦情が寄せられています。どう対応すべきでしょうか。

我々の森林組合では平成18年より、所有規模が零細な個々の林地を取りまとめ、作業路網を構築し高性能林業機械を使った「利用間伐（間伐材を搬出・販売する）」に取り組んでおります。当地では、上水道施設の整備が遅れており林地には飲用等の用途で取水施設が多く存在します（取水施設と、山林所有者は必ずしも一致しません）。

最近、組合が森林所有者からの委託作業により前述のような山林作業を行った際に、「水の濁りや、水の出が悪くなった」といった苦情が寄せられる場合があります。作業箇所から数百m離れた方や、作業箇所より上側のほうからの苦情もあります。

これらの苦情について、どのような対応が望ましいのでしょうか？　法的な考え方や、判例等がありましたら今後の参考にしたいと思いますのでご指導ください。

A 住民との話し合いの場を設け、苦情の内容を十分に聞くとともに、山林作業の内容や必要性をよく説明し、今後の対策を提案するのが望ましいと思います。

はじめに

検討すべきことがらは、
①山林作業が水の濁りと水量の低下の原因と言えるかどうかという点
②住民は組合に対してどのような主張ができるのかという点
だと考えます。順次検討していきましょう。

山林作業と水の濁り、水量の低下との因果関係について

現時点では、山林作業が水の濁りと水量の低下の原因なのか、そのメカニズムはどのようなものなのかは、明らかではありません。ご相談の事例が大きな紛争に発展するかどうかはわかりませんが、裁判所や公的な紛争処理機関が因果関係に関してどのような判断をしているかを見ていきましょう。

近年、裁判所や公的な紛争処理機関は、環境に関する紛争の処理に際しては、原因行為と被

害との緩い繋がりから因果関係を推定し、原因行為者がこれに反論できなければ因果関係を肯定するという認定のし方をすることがあります。例えば、不燃ゴミ中継施設の操業と周辺住民の健康被害との因果関係が争われた事例では、公害等調整委員会は、施設と住民の住居の距離が近いこと、創業時期と健康被害が生じた時期が一致することから因果関係を推定し、これを覆す証拠はないので因果関係が肯定されると判断しました。

ご相談の事例においても、山林作業の場所と取水施設との距離、苦情が述べられたタイミング、原因と疑われる他の事情が存在しないことなどから、因果関係が推定される可能性はあると考えられます。ですから、それらの事実関係をきちんと把握しておくことが重要です。また、地下水の水脈は目に見えませんから、作業現場から離れていたり、現場より上方にも影響が出ることがあるかも知れません。右に述べたさまざまな要因を総合して判断する必要があると思います。

住民の生活用水を確保する権利

人は、日常生活に必要な水を確保する権利を有していて、この権利は「人格権」に含まれるものと理解されています。人格権は、その権利の侵害を受けている者であれば誰でも主張できます。そこで、住民は、人格権に基づいて組合に対してきれいな水を確保できるように配慮してほしいと主張できますし、住民が合理的な出費をした場合にはその出費分を支払ってほしいと主張することもできます。

また、取水施設または山林の所有者は、右に述べた人格権ではなく、所有権を根拠にして、同じような主張をすることができます。

水を確保する権利を主張する場合には、住民は、①都道府県公害審査会に公害紛争処理法に基づくあっせん、調停、仲裁の申立てをする、②裁判所に調停の申し立てをする、訴訟を提起する、という手段を採ることが可能です。

受忍限度論

では、住民が水を確保する権利を主張した場合、どのような基準で主張の当否が判断されるのでしょうか。生活環境に関する紛争では、「受忍限度」が問題になります。被害が受忍すべき限度を超えているかどうかが判断されるということです。その際の考慮要素としては、ア．被害の性質と内容、イ．加害行為の公共性の内容と程度、ウ．加害行為の態様、エ．加害者が行った被害防止措置の内容、オ．地域性、などがあります。また、請求者が求めているものが、加害行為の差止めや被害防止措置を講じることなのか、金銭による解決なのかも判断に影響を及ぼします。差し止めは、多大な影響を及ぼすことになりますので受忍限度の基準は高くなりますが、金銭による解決であれば影響は少ないので基準は低くなります。

受忍限度の基準が用いられた例としては、国道からの騒音や排気ガスに悩まされた住民が良好な環境で生活できるように自動車の通行を制限するよう国に求めた訴訟や、産業廃棄物の最終処分場建設予定地が水源の近くであったため飲用水への化学物質の混入を懸念した住民が建設の差し止めを求めた訴訟があります。

さて、ご相談の事例では、受忍限度の基準ではどのように判断されるでしょうか。

(1)まず、被害の性質と内容ですが、この点に関しては、日常生活についての支障は、生命や健康に対する危険と比較してその被害は軽いと考えられています。健康被害が生じれば一大事ですが、生活への支障ならば耐えられるかもしれないからです。

ご相談の場合の住民の苦情は、日常生活に使用される水の濁りや水量の低下とのことです。濁っている水では飲むことには抵抗があるでしょうし、洗濯やお風呂にも使えないでしょう。とはいえ、苦情が述べられるのは山林作業を行った際ということですから、常に水の濁りと水量の低下があるわけではなさそうです。また、産業廃棄物処理施設の建設で問題とされるような飲用水への化学物質の混入による健康被害はなさそうです。このようなことから判断すると、被害の性質と内容は、一定の時間水を使えないことによる日常生活の支障であって、被害が甚大だとは言えないと考えられます。

(2)続いて、組合の行っている山林作業の公共性についてですが、複数の土地所有者から委託を受けて、小規模な林地を取りまとめて行う利用間伐は、森林の荒廃を防ぎ、また、木材を市場に供給する行為であって公共性があると考えられます。

(3)また、山林作業そのものには違法性はなく、作業の態様が不適切というものでもないように思われます。

(4)今のところ、組合は被害防止措置を講じていませんが、苦情が寄せられるようになったのは最近ですので、やむを得ないでしょう。

(5)地域性については、ご相談の事例では特別に考慮すべき要素はないように見受けられます。

以上を総合すると、現時点では、水の濁りと水量の低下の被害はさほど大きいものではなく、他方、山林作業には公共性が認められますしその態様も問題視すべきものではありませんので、住民に受忍限度を超える被害が生じているとはいえず、住民が組合に対して山林作業の差し止めを求めることは難しいと考えられます。ただし、金銭による解決、すなわち損害賠償請求については、判断が異なってくる可能性はあると思います。

話し合いによって解決策を提示しましょう

近年、環境破壊を伴う開発や作業に関する紛争の解決に際しては、加害者とされる側から話し合いの場を設けるよう努力していたかが重視されるようになってきました。被害が生じてから解決方法を探すまでには時間がかかります。その間に被害は広がってしまいます。そのため、事前に環境アセスメントを実施し、付近住民との話合いによって開発プロセスを妥当なものにしていこうという考え方が強まってきているのです。また、話し合いは、被害防止措置の一手段とも考えられています。裁判例においても、話し合いに必要な期間、開発の差し止めを認めた事例があります。

ご相談の事例では、既に作業路網を構築し、利用間伐を行っているという状態にありますので、事前の話し合いという時期は過ぎています。しかし、組合は、現に住民から苦情を受け、住民の被害を把握しているのですから、何らかの対策を講じる必要に迫られていると言えるでしょう。そこで、今後、住民との話し合いの場を設け、取水施設を利用している住民から苦情の内容の詳細を十分に聞くとともに、組合から山林作業の内容やその必要性を十分説明することが大切だと思います。そして、組合としてきちんとした対策、例えば、山林作業をする日時を事前に住民に伝える、作業時間を水の使用量の少ない時間帯に行うようにする、などの提案をしてみてはいかがでしょうか。
お互いに譲歩して解決すべき事案だと思いますので、十分に話し合いをしてみてください。

Q 台風で倒れた流木を災害復旧事業で対処したところ、流木所有者から損害賠償の請求がありましたが、町に責任があるのでしょうか。

台風災害により、地域の山林の多くの立木が倒れ、河川に流出しました。そのため大量の流木が河川、道路、農地、海岸等に堆積し、町では関係機関と協定を結んで災害復旧事業として流木などを撤去・廃棄しました。ところが、先日、ある山林所有者から、何らの公告手続もなく、しかも所有者の承諾を得ずに所有林から出た木を処分したのだから損害を賠償せよ、という要求がありました。そこで、①流木は、遺失物法にいう「遺失したる物件」なのか、水難救護法にいう「河川に漂流する材木」なのか、②町は何らかの損害賠償責任を負うのか、について質問をいたします。

A **遺失物か漂流物かは、具体的な状況によって決めるほかありません。町には損害賠償義務はないと考えます。**

木の所有者は誰か

ご相談の事例では、山林の所有者が、流木の所有権を有していた旨を主張して、流木を廃棄した町に対して、損害賠償などの法的責任を追及しようとしています。そこで、まず、山林の所有者が流木の所有権を主張することができるのかどうかについて見ていくことにしましょう。

民法242条は、「不動産の所有者は、その不動産に従として付合した物の所有権を取得する」と定めています。したがって、山林の所有者は、山林に「従として付合した物」の所有権を取得することになります。どのようなものが「従として付合した物」に当たるかについては、いろいろと見解が分かれているところですが、植栽された樹木がこれに該当することについて争いはありませんので、山林の所有者は、山林に生えている樹木について所有権を有していることになります。

それでは、山林の樹木が土砂崩れや地滑りで流木となって流出した場合にはどうなるかですが、元々山林に生えていた時は山林所有者の所有物だったものが、山林と切り離されて別の場所に移ったからといって、直ちに誰か別の人の所有物になってしまうわけではありません。つまり、流木は、山林所有者の支配下にはないものの、依然として山林所有者の所有物であるということができます。

所有者の支配を離れた物の取り扱い

①ご相談の事例のように、ある物が、何らかの理由で所有者の支配が及ばない状態に陥ってしまい、それを別の誰かが見つけた時には、どのように取り扱われるのでしょうか。

②まず、その物が元の所有者によって捨てられたものだった場合、元の所有者はその物の所有権を放棄したのですから、その物は誰のものでもないことになります。このような誰の所有物でもない物（法律上は「無主物」と言います）は、最初にそれを見つけ、自分のものにしようとする意思を持って自分の支配下に置いた人の所有物になります（民法２３９条）。

③これに対して、捨てられたわけではなく、所有者の意思によらずに所有者の支配下から離れてしまった場合（典型例としては、落としたり、置き忘れたりした場合）については、法律上、次のような規定があります。

※民法２４０条：遺失物は、遺失物法…の定めるところに従い公告をした後3箇月以内にその所有者が判明

しない時は、これを拾得した者がその所有権を取得する。

遺失物法は、遺失物を拾得した人に対して、所有者（または元々その物を支配していた人）に返還するか、警察に提出することを義務づけています。そして、警察は、その物の所有者がわかっている時はその人に返還し、わからない時は、警察署の掲示板にその物の種類、特徴、拾得された日時・場所を掲示することとされています（これを「公告」と言います）。

これらの法律の規定の趣旨は、所有者の手を離れても、遺失物の所有権は元々の所有者が有していることから、可能な限り所有者に返そうとする点にあります。これに反して、遺失物を拾得した人がそれを勝手に自分のものにしてしまうと、遺失物等横領罪（刑法254条、1年以下の懲役または10万円以下の罰金もしくは科料）に問われることになります。

④なお、遺失物のうち、水上を漂っている漂流物と、水中に沈んでいる沈没品については、水難救護法に従って処理されることになっています。水難救護法によれば、漂流物・沈没品を拾得した人は、7日以内に所有者に返還するか、市町村に引き渡すこととされている他、市町村が公告を行うこととされており、遺失物法とは規定内容が若干異なっています。

流木は「遺失物」か「漂流物」か

それでは、ご相談の事例の流木はどのように扱われるのでしょうか。

まず、流木は、台風によって山林から流失したものであって、山林所有者が捨てたものではありませんから、流木は、無主物ではなく遺失物であることになります。その上で、流木が、遺失物法の対象となる「遺失物」に当たるのか、水難救護法の対象になる「漂流物」に当たるのかについてですが、これは一概には言えません。

ご相談によれば、流木は河川、道路、農地、海岸などに堆積していたということですが、このうち、道路や農地の上に堆積していた流木、河原や海岸に打ち上げられていた流木については、漂流物とは言えないことは明らかであり、遺失物法上の「遺失物」に当たります。これとは逆に、河岸・海岸から遠く離れた水上に浮かんでいる流木については、明らかに漂流物に当たると言えます。

問題なのは、河岸や海岸に打ち寄せられているものの、陸地に打ち上げられているわけではなく水上に浮かんだ状態になっている流木です。形式的に考えれば、このような流木は水上を漂っている状態であることは確かですから、漂流物に当たることになります。しかし、特に、大量の流木が河岸や海岸に打ち寄せられ、そのうちの一部は陸上に打ち上げられているが、一部は水上に浮かんでいるという場合に、打ち上げられたものは「遺失物」、浮かんでいるものは「漂流物」として区別することにどれほどの意味があるかは、疑問と言わざるを得ません。

先にご説明した通り、遺失物は警察に提出することとされ、他方漂流物は市町村に引き渡すこととされているので、同じ場所にあるものを遺失物と漂流物に分けて考えることは極めて非効率です。そこで実際には、河岸・海岸に打ち寄せられている流木については、水上にある物であっても、陸上に打ち上げられた流木とともに「遺失物」として処理されることが通常であると思われます。

以上から、ご相談の事例で町が処分した流木の大半は、遺失物法上の「遺失物」に該当すると考えられます。

町は損害賠償責任を負うか

以上のように、ご相談の事例の流木は遺失物に当たるものであったと考えられますが、遺失物法が定める手続きを経ずに流木を処分した町は、山林所有者に対して損害賠償責任を負わなければならないのでしょうか。

ご相談の事例で、山林所有者が町に対して損害賠償を求めるには、町に処分されてしまった流木が、元々は自分が所有する山林に生えていたものであることを立証する必要があります。しかし、台風によって周辺の山から大量の流木が発生したという状況の下では、町が処分した流木が、自分の山林から流失したものであったことを証明することは事実上不可能です。

また、仮に遺失物法に従って警察の公告が行われたとしても、山林所有者が、大量にある流木の中から自分の山林に生えていたものを特定して返還を受けることは事実上不可能だったと思われ、結局は廃棄せざるを得なかったものと考えられます。そうだとすれば、町が遺失物法に定められている手続きを踏まなかったことが原因で、流木が処分されてしまったとは言えないことになります。

以上のことから、ご相談の事例で山林所有者の損害賠償請求が認められる可能性は低いと考えられます。災害で大量の流木が発生し、復旧が急がれている場合にまで、いちいち遺失物法上の手続きを踏まなければ損害賠償責任を負うことになるとするのは極めて非現実的であり、その意味からもこの結論は妥当と言えるでしょう。

なお、災害の場合に限らず、流木が、まだ未成熟な細い木であったり、倒れて川を流される過程で割けたり砕けたりして、材木として使用することはできないようなものである場合には、山林所有者にとってはもはやその流木を回収する意味はなく、仮に返してもらえるとしても希望しないのが通常だと思われます。そのような場合には、山林所有者が所有権を放棄したものと見なして、遺失物法に定める手続きを取らなかったとしても、事実上問題になることはないと考えられます。

Q 大型の台風によって所有森林が崩落し、隣地の住宅地に土砂が流入してしまいました。私の経費負担で土砂を撤去しなければならないのでしょうか。

私の所有森林の周辺では、近年、宅地開発が進み、個人の住宅が所有森林に接する状況となっています。先日、台風によるこれまでにない大雨により、所有森林の斜面部分の土砂が崩落し、近隣の数件の住宅地に流入しました。住宅地は土地の造成は済んでいますが、まだ住宅は建てられていない状況で、塀なども設置されていません。流入した土砂は、最も深い部分では地面から1m位はあり、撤去には重機が必要です。

隣地所有者から土砂の撤去と宅地の復旧の要求がありましたが、これまで所有森林から土砂が流出したことはなく、異常と言えるほどの降雨が原因なので、天災と考えています。このような場合でも要求に応じて私の経費負担で撤去をすることが法的には必要なのでしょうか。

A 今回の事態は不可抗力によるものと思われますから、あなたの経費負担で土砂を撤去する義務はないと考えられます。しかし、将来の同種の事故を防ぐ必要があるように思います。

はじめに

過去には土砂が流出するような事態が生じたことはないのに、大雨の影響で崩落が生じて下方の数件の土地に土砂が１ｍの深さになるまで堆積してしまったとのことですので、相当に大きな台風であったのだろうと推察されます。近年は大型台風の襲来が増加傾向にあり、全国各地で様々な被害が生じてしまいました。確かに、そのような場合にまで山林の所有者が被害を被った下方の土地の所有者に対して一律に全ての責任を負わなければならないというのは、公平ではないように感じられます。

同様の事例における裁判例を眺めながら、あなたは責任を負わなければならないのか、検討していきましょう。

被害者は妨害排除の請求ができるか

土地の所有者は、その土地が通常の用法の通りに利用できなくなっていて、他人がその原因となった妨害状態を作り出したという場合には、原因を作った者に対して、その費用と労力で妨害状態を除去するよう求めることができるというのが原則です。このような土地所有者の権利を「所有権に基づく妨害排除請求権」と言います。

それでは、どんな場合でもこの原則どおりにしなければならないのでしょうか。あなたのご相談は、まさにそのことを聞きたいということでしょう。

「不可抗力」による場合にはどうなるのか

大審院（現在の最高裁判所）は、隣接する土地の一方がその境界部分において他方の土地へ崩落する危険があり、その危険を除去予防するよう訴えが提起されたという事案において、「妨害を生じさせている土地の所有者は、不可抗力によって妨害状態が発生した場合を除き、故意過失を問うことなく侵害を除去する義務を負担する」と判示しています。ポイントは、「不可抗力によって妨害状態が発生した場合を除き」という部分です。大審院は、「不可抗力」によって他人の土地に妨害を生じさせてしまったような場合には、その原因になった土地の所有者は、責任を負わなくてもよいとしたわけです。この考え方は、現在も変わっていません。

問題は、どのような場合に「不可抗力」と言えるかということです。妨害が生じた時点で全く想定できず、予防もできないような場合には、「不可抗力」と考えてよいでしょう。ご相談の事例では、台風によるこれまでにない大雨が原因であったこと、また、過去にはこのようなことは一度もなかったということですから、事前に想定も予防もできなかった出来事であって、避けることができなかったものと思われます。このような事態は、まさに「不可抗力」であり、あなたには、隣地の土砂を取り除く責任はなく、その除去費用を負担する義務もないと考えられます。

将来への備え

近年は、これまでにない大型台風が増えています。また、一度崩落した斜面は地盤が軟弱になっていて、少し大型の台風が来れば再度土砂崩れを起こしてしまうかもしれません。

あなたの土地の下方で宅地を造成していた土地所有者としては、現実に侵害状態が生じるよりも前に予防してほしいと考えるのが通常でしょう。このような場合には、「所有権に基づく妨害予防請求権」を行使して、事前の予防を求めることが可能とされています。もっとも、漠然とした不安があるというだけではこの請求権を行使することはできません。土地の使用についての妨害が生じることが具体的に予想されることが条件になります。

ご相談の事例では、森林から相当量の土砂が流出してしまっているようですから、今回ほど大型でない台風の襲来によっても、あなたの所有地から再度土砂が流出して同じような被害が生じてしまう可能性があります。また、土砂が崩落した土地では立木の安定にも影響が生じているはずですので、倒木の危険もあるかもしれません。このような状況ですので、下方の土地所有者は、何となく不安を感じるというレベルを超えて、具体的な危険を予見できる状態にあると考えられます。したがって、下方の土地所有者は、あなたに対して、土砂や倒木が崩れ落ちてこないよう、事前の予防措置を求めることが可能と思われます。

そうなった場合には、予防の費用は誰が負担することになるでしょうか。

同様の事例における隣接する土地所有者間の紛争で、東京高等裁判所は、「隣地土地所有者の人為的作為に基づくものでない土地崩落の可能性があり、これを予防してもらいたいという時には、相手方の費用をもってする危険防止措置の請求をすることはできず、むしろ、土地相隣関係の調整の立場から、相隣地所有者が共同の費用をもって右予防措置を講ずるべきである」と判示しています。ここにいう土地相隣関係の調整の根拠は、土地の境界設置費用は隣接する土地所有者が共同の費用負担とするよう定める民法223条等にあります。また、横浜地方裁判所は、上の東京高等裁判所の考え方を発展させて、費用の具体的負担については、予防措置を講じることによって得られる双方の利益の比率で分担することとしました。

これらの裁判例を参考にして本件についてみると、あなたの土地が再度土砂崩れを起こしてしまった場合の土地の価格の下落や林業に与える影響と、住宅地の所有者が土地復旧に要する費用、土砂が流入してこないことによって保たれる土地の価格などを考慮して、予防に要する費用の分担割合を決めることになると思われます。

Q　所有森林に自生している天然アカマツが枯れ、隣接する住宅の所有者から伐採・撤去を求められて困っています。

私が所有している森林に、直径30cmを超える天然のアカマツが数本自生しています。そのうちの1本が最近枯れました。この地域でも被害が発生しているマックイムシによるものと考えられます。

先日、隣接する住宅の所有者から、「枯れたマツが倒れると住宅に被害が及ぶ。また、他のマツも枯れる恐れがあるのでこれらを含めて伐採してほしい」との申し出がありました。アカマツは、近隣の住宅が建てられる以前から自生しており、私自身に何ら責任があるとは思えません。申し出に応じて全部のアカマツを撤去しなければならないのでしょうか。また、その場合、隣接の住宅所有者にも一部経費を負担してもらうことはできますか。

A　倒木の場合には損害賠償責任を負う可能性もありますので、危険性に応じた対策が必要です。

基本的な考え方

Q　今回近所の人から出された要求に対しては、基本的には、どのように考えたらよいのですか。

A　あなたはアカマツの所有者ですから、アカマツの処分を自由に決めることができます。要求されたからといって応じなければならないという義務は原則としてありません。しかし、所有者として、アカマツが他人に損害を与えないように注意する義務も負いますので、放置しておくと危険であるような場合には、例外的に、伐採等の対策を取る義務も生じます。

Q　法律はどう定めているのですか。

A　ご相談の事例は、アカマツの枝や根が隣地に越境したということではありませんから、そのような観点からアカマツを伐採する必要はありません。しかし、民法は、竹木の所有者に特別の責任を負わせており、この件では、その点が問題になります。

Q　どのような責任なのですか。

A　竹木の栽植または支持に瑕疵《かし》があることによって他人に損害が生じた時は、その竹木の占有者か所有者が損害を賠償しなければならない、という責任です（民法717条1項、2項）。所有者は、自分に落ち度がなくても損害賠償をしなければなりませんので、無過失責任ということになります。

あなたはアカマツの占有者であり、所有者でもありますから、アカマツが倒れることによって損害が生じた場合は、この責任を負う可能性があるのです。

具体的な検討

Q　「竹木の栽植又は支持に瑕疵があること」という部分の意味がよくわからないのですが。

A　簡単に言えば、竹木の植え方や維持管理の仕方に不完全な点があること、という意味です。

「瑕疵」という言葉は聞き慣れないものと思いますが、「きず」という意味の言葉で、法律上は、「通常有すべき性質を欠いていること」という意味で使われます。したがって、竹木の種類に応じて、植え方や維持管理について「通常有すべき安全性」を欠いていれば、「竹木の栽植又は支持」に瑕疵があることになります。

Q　このアカマツは私が植えたものではない天然木なのですが、ここにいう「竹木」に当たるのですか。

A　裁判例によれば、天然木も本条の「竹木」に当たるとされています。人が植えたものでも、天然木でも、倒れたり枝を落としたりする危険性は変わらないからです。

Q　そうですか。しかし、私はアカマツを植えていないだけでなく、アカマツに手を加えたこともありません。「栽植又は支持」をしていないと思いますが、いかがでしょうか。

A　ここにいう「支持」とは、支柱を施すなどの物理的な措置をとった場合に限られるわけではなく、竹木の維持、管理一般を意味すると考えられています。したがって、竹木を放置したことによって隣地に損害を与えた場合には、管理が不十分であったということになり、「支持に瑕疵があった」ことになるのです。

Q　そうすると、アカマツが倒れて隣の家に損害を与えたら、私が賠償しなければならないのですね。

A アカマツの維持管理の状態が「通常有すべき安全性」を欠いていたと判断された場合にはそうなります。

この「通常有すべき安全性」が、具体的にどの程度の安全性を指すかは場合によって異なるのですが、裁判例は、竹木が生立する自然的、社会的な状況に照らして客観的に判断する必要があるとしています。

Q この件ではどうなるでしょうか。

A 詳しい事実関係がわからないので一概には言えませんが、①アカマツの大きさや枝振り、②アカマツの状態（健康か枯れているか）、③隣家との距離、④周囲の土地の利用状況、⑤地形などから見て、通常予想される危険に対応した安全性があったかどうかを判断されることになるでしょう。

気になるのは、1本のアカマツが既に枯れてしまっていることです。枯木は倒れやすいものですから、強風などで倒れ、隣家に被害を与えることも考えられます。そのような危険性が予測される場合に放置しておくと、万一実際に倒れた場合にはアカマツの管理について「通常有すべき安全性」を欠いていたとされ、損害賠償責任を負うことになりますから、事前の対策が必要です。今すぐにでも隣家、隣人に倒れかかる危険性があるというのであれば、早急に伐採しなければなりません。

Q　わかりました。原則としてはアカマツを伐採する法律上の義務はないが、アカマツの危険性に応じて、隣地の住宅の所有者に被害を与えないように対策を講じる必要があるということですね。

A　その通りです。要は隣人に損害を与えなければよいのですから、手段としては伐採及び撤去には限られないと思います。

アカマツの危険性に応じて、隣地の住宅の所有者に被害を与えないように対策を講じる必要がある

費用負担について

Q　何か対策をとるとして、隣地の住宅所有者に一部経費を負担してもらうことはできますか。

A　アカマツが他人に損害を与えないようにするのは、

所有者の責任です。費用を負担してもらうことは難しいでしょう。

しかし、本当はあまり危険はないけれども、隣人の希望を受け入れて伐採するという場合には、交渉の余地はあると思います。その場合には、アカマツは越境しているわけではないし、危険性も低いので、法律上は伐採の必要はないことをそれとなく伝えながら、費用の一部負担をお願いされてはいかがかと思います。

本件と類似した事例における費用負担について、前掲（157頁）の事例でも解説しましたので、読み比べていただきたいと思います。

売買契約ほか

Q 山林の売り主から、公簿面積より実測面積のほうが広いので追加代金を支払うよう要求されましたが、支払う必要がありますか。

5年前に、公簿面積が2・5haと登記されている山林を買い受けました。ところが、最近、売り主から、その山林は実際には3haあるのだから、0・5ha分の代金を追加して支払ってもらいたいという請求を受けました。確かに、実測面積は公簿面積より0・5haほど多いのですが、契約した時の代金の決め方は、1ha当たりいくらという決め方ではなく、総額いくらというものでした。このような場合でも、代金を追加して支払わなければなりませんか。

A 契約をした時に、公簿面積より実測面積のほうが多い場合には、1ha当たりいくらの追加代金を支払うという明示の合意をしていない限り、代金を追加して支払う必要はありません。

売買契約とはどんな契約か

売買契約は、売り主がある物を買い主に売るということと、買い主がその物の対価として売り主に代金を支払うということについて、売り主と買い主との間に合意がなされることによって成立します。そして、売買契約が成立すると、売り主は、売買の目的物を買い主に完全に引き渡す義務を負う一方で、買い主は、その対価として定められた代金を売り主に支払う義務を負うことになります。

ところで、代金の決め方については、売買対象物について一定額を総額として約束するやり方と、ある単位について決めた単価を実際に売買した物の数量に掛けて算出するやり方とがあります。本件での問題は、売買契約が成立した時に、どのような代金の決め方になっていたかということですが、どうやら売り主の考え方と買い主の考え方が多少ズレていたのではないかと思われます。

「明示の合意」がない限り、代金増額請求権は認められない

Q 山林の売買契約書には、通常、公簿面積を表示しますが、それは、実際にも公簿面積の広さがあることを意味しているのではないですか。

A そうではありません。山林など土地の売買契約書には、「どの山林（土地）」を売り買いするかという売買の目的物を特定するため、山林の所在地、地番に加えて面積を表示します。その際には、おっしゃるように公簿面積を表示するのが通常です。しかし、表示された面積の持つ意味は、「この山林」という特定のためであって、記載された面積が実際にあることを保証するということではないのが普通です。このような契約を「公簿売買」と呼んでいます。

Q 公簿売買では、代金は、必ず一定の総額を決めるものですか。

A いいえ、そうではありません。総額として一定額を決める場合が多いとは思いますが、そうでない場合もあります。山林をはじめとする土地の面積については、いわゆる縄延びがよく見られ、実測したほうが広いということは決して珍しくありません。

そこで、売買の対象物の特定のためには公簿面積を表示するけれども、代金額は、後で実測して公簿面積との差を増減額するという約束をすることもあります。このようなやり方は、土地の価格が高い住宅地の売買などではよく見られます。代金額の調整は面積に応じて行うのですから、この場合には単位面積当たりの単価をきちんと決めておく必要があります。

「数量指示売買」かどうか

Q どのような時に、実測面積に応じて代金額を調整するという約束をしたと認められるのでしょうか。

A 面積・個数・容量などの数量を明確に表示し、その過不足がある場合に代金額を調整するというタイプの売買契約のことを「数量指示売買」と呼んでいますが、裁判例によれば、土地の売買で数量指示売買が行われたと認定されたものはあまりないと言ってよいと思います。

Q どうしてでしょうか。

A 我が国においては、土地については登記制度が相当整備され、土地の売買をすれば所有権移転登記をするというのは常識といってもよいくらいです。そこで、土地の売買契約をする時には、どの土地であるかを示すのに登記簿に記載された通りの表示をするのが普通です。

しかし、登記簿記載の面積は、必ずしも実測した面積と一致するものではありません。そのような場合でも、売り主・買い主の双方とも、先に述べた縄延びがあることを考慮に入れて「この土地を、この金額で」売り買いすると決めるのが普通だからです。

Q 法律ではどのように規定されているのですか。

A 民法は、「数量を指示して売買をした物に不足がある場合」について、その不足する部分の割合に応じて代金減額を請求する権利を買い主に認めています（565条）。しかし、「数量が超過していた場合」についての定めはないのです。

Q それでは売り主にあまりに不利なのではありませんか。

A　一見するとそのように思えますが、本来、売買の目的物の数量は売り主側で調査しておくべき事柄であり、調査しようと思えば、土地の実測のように、売り主側でできるものです。そこで、誤った数量を自ら表示した売り主を保護する必要はない、売買契約の信用を保護するには、契約に表示した数量について売り主に法定の担保責任を負わせるのが適当である、と法律は考えているのです。

最高裁判所も、数量指示売買において数量が超過していた場合に、民法565条を類推適用することを認めず、売り主が代金の増額を請求することはできないという判断をしています（最判平成13年11月27日）。

Q　お話を聞いていると、数量指示売買というのですか、実際の数量に応じて代金額を増減するというのは、相当慎重にやらなければいけないなと心配になります。

A　その通りです。契約書に、明文で、「面積は公簿面積を表示してあるが、実測面積がそれと異なった時は、1㎡（ha）当たり〇〇円で増減額する」と決めておかなければなりません。

差額を追加して支払う義務はない

Q　一般的な考え方はよくわかりました。最後に、私がご相談しているケースではどうなるのでしょうか。

A

あなたの場合は、公簿面積2・5 haとして山林を買い受けたということですし、代金額についても1 ha当たりいくらという決め方をしていないということですので、数量指示売買ではないと判断すべきであると考えます。契約に表示された面積は、売買の対象物を特定する目的で書かれたものであって、実測面積が多いか少ないかを判断する基準として表示されたものとは言えないと思います。

また、山林を買い受けて5年も経ってから追加代金の請求があったというのも、何だかおかしいと思います。もし、実測面積が公簿面積と異なる時は代金額を調整するという約束があったなら、売り主は売買直後に実測をして代金の増額を要求するのが普通ではないでしょうか。この点からも、ご相談なさっている契約は数量指示売買ではない、と判断されるでしょう。

さらに、先に述べたように、登記簿記載の面積よりも実測面積が広かった場合には、買い主が超過部分の代金を追加して支払うという明示の合意がない限り、売り主の代金増額請求権は認められないというのが判例の考え方です。

それらのことを総合すれば、買い主であるあなたには、差額を追加して支払う義務はないと考えます。

Q **山林を買い、その山林に生育しているスギの木を伐採しようとしたところ、売り主からスギは売っていないと言われました。スギを伐採してもよいのでしょうか。**

私は3年前に定年退職を機に実家近くの山林を購入しました。この山林には50年生の伐期に達したスギ林分がありましたのでそれを伐採しようとしたところ、売り主である山林の前所有者から「土地は売ったが立木は売っていない」と異議を申し立てられました。私は土地と立木を一括して山林として買ったつもりでしたが、林地と立木とはそれぞれ別個のものなのでしょうか。

A **売買契約にスギは売買の対象から除くという条項がない場合で、しかもスギが登記されていたり、スギに明認方法が施されていないならば、伐採しても構いません。そのあたりのことを十分確認してください。**

はじめに

山林を売買する場合に、当事者にとって価値があるのは、山林の土地そのものではなく、その土地上の樹木であることが多いと思われます。そのため、買い主としては、「山林の売買」というからには樹木も当然売買の対象になっていると考えるのが通常でしょう。それにもかかわらず、ご相談の事例のように、売り主から「土地は売ったが立木は売っていない」などと言われてしまったら大問題です。このような場合にどうなるのか、見ていくことにしましょう。

まずは契約内容の確認から

このような事例で、まず確認すべきは、売買契約書です。契約書に、山林の土地だけでなく樹木も売買の対象に含まれていることがわかるような記載があれば、スギの木の所有権も買い主であるあなたに移転していることが客観的に明らかです。そのような場合には、あなたは、売り主である山林の前所有者から何と言われようと、購入した山林のスギの木を自由に伐採することができます。逆に、樹木の所有権は引き続き売り主が有するという趣旨の記載が契約書にある場合には、あなたはスギの木の所有権を取得していないことになりますから、これを勝手に伐採してしまうことはできません。

しかし、売買契約書が存在しない場合や存在しても樹木が売買の対象になっていたかどうかを判断できないこともありえます。そこで、そのような場合にはどうなるかをご説明します。

土地の所有権移転とその土地上の樹木の関係

そもそも、土地の売買契約を締結した場合に、買い主は、売り主から何を取得するのでしょうか。この場合に、買い主は、まず土地そのものの所有権を取得します。しかし、必ずしもそれだけとは限りません。民法242条は、「不動産の所有者は、その不動産に従として付合した物の所有権を取得する」と定めています。したがって、土地売買契約によって土地所有権を取得した買い主は、それと同時に、その土地に「従として付合した物」も取得したことになるのです。

そこで、「従として付合した物」とは何かが問題となります。「従として」という言葉のイメージからもおわかりになると思いますが、従として付合した物は、動産でなければならないとされています。独立性の強い財産である不動産は、従として付合した物には当たらないのです。わかりやすい例は、土地上に建っている建物です。建物は、独立した不動産とされていますので、土地に「従として付合した物」には当たらず、土地とその土地上の建物を同時に売買する際には、双方について売買契約を結ばなければならないことになるのです。

次に「付合した物」というからには、何らかの形で土地と結合した物でなければなりません。どの程度結合していれば付合していると言えるかについては、いろいろと見解が分かれているところですが、争いなく付合していると認められているものとしては、①農作物、②植栽された樹木などがあります。これらについては、土地に根を張って生育していることから、「付合した物」と言えるのです。

したがって、売買契約の対象となった土地に、農作物や樹木等の植物が生えている場合には、土地の買い主は、土地所有権とともに「従として付合した物」としてそれら農作物や樹木の所有権も取得することになります。

以上のようなことからすると、ご相談の事案では、あなたは山林の売買契約を結んだことによって、山林の土地所有権を取得しているのですから、原則として、その土地所有権とともにスギの木の所有権も取得していることになります。その場合には、あなたは自由にスギの木を伐採することができ、山林の売り主である前所有者に中止を求める権利はありません。

樹木の特殊性

しかし、樹木には、法律上他の物とは違う特殊性があります。立木ニ関スル法律（略称：立《りゅう》木法《ぼくほう》）によって、ある土地の上に生えている樹木の集団については、土地や建物のように登記することができ、登記された樹木の集団は、独立の不動産として扱われることになっているのです。このように登記された樹木の集団のことを、法律上「立木《りゅうぼく》」と呼びます。そして、この「立木」は、土地から独立した不動産ということになりますから、建物のように土地と切り離して個別に売買することができますし、金銭の貸付けを受ける際に抵当権を設定することもできるのです。先にご説明したように、不動産は「従として付合した物」には含まれませんので、不動産として扱われる「立木」もこれには該当しないことになります。

したがって、あなたが購入した山林の樹木が登記されている場合には、山林の売買契約を結んだからといって、必ずしもスギの木の所有権まであなたが取得したとは言えず、勝手にスギの木を伐採することはできないことになります。このような事態を避けるために、山林を購入する際には、樹木が登記されていないかどうかを確認しておく必要があるのです。具体的には、山林の所在地を管轄している登記所に立木登記簿が備え置かれていますので、それを閲覧することになります。

樹木が登記されてしまっている場合に、土地と樹木双方の所有権を取得するには、双方とも売買の対象になっていることが明確になるような形で売買契約を結ぶ必要があります。

明認方法について

先に述べた登記の他に、樹木の所有権を第三者に主張する手段として、「明認方法」がありますので、お話ししておきましょう。

登記されていない樹木でも、その樹木の所有者が明らかにわかるような表示がなされている場合には、その所有者は、樹木の所有権を第三者に主張することができるとされています。そのような表示のことを明認方法といい、具体的には、樹木の周辺に所有者を示す立て札を立てる、樹皮を削って所有者名を記入する、所有者名の焼き印を押すといった方法がそれに該ります。

このような明認方法が施されている樹木については、その樹木が生えている土地の所有権を取得したとしても、明認方法を施した人から樹木の所有権を主張される可能性がありますので、注意が必要です。山林を購入する際には、樹木の登記の有無を確認するとともに、現地に出向いて、何らかの明認方法が施されていないかどうかについても確認することをお勧めします。

ご相談の事例についてのまとめ

以上のことを総合すると、ご相談の事例については、次のようになります。

①スギの木が登記されておらず、明認方法もない場合

この場合には、山林の所有権を取得したあなたが、スギの木の所有権も取得したことになりますので、あなたはスギの木を自由に伐採できます。ただし、契約書上スギの木の所有権を売り主が留保することになっているなど、スギの木が山林売買契約の対象になっていないことが明らかである場合には、あなたはスギの木の所有権を取得していないことになりますので、これを伐採することはできません。

②スギの木が登記されている場合

スギの木が登記されている場合には、契約書の記載にしたがって決めることになります。スギの木が売買契約の対象であれば、あなたはスギの木の所有権を取得していることになりますので、自由に伐採ができます。しかし、スギの木が売買の対象になっていないならば、あなたはスギの木の所有権を取得していないことになりますから、これを伐採することはできません。

③明認方法が施されている場合

この場合は、スギの木が登記されている場合と同じように考えればよいでしょう。

Q スギを伐採したら必ず植林するという約束をしたスギ山の買い主に、約束を守らせる方法がありますか？

5年前に、スギ山を土地ごと県外の素材生産業者に売却しました。スギ山は1つの団地になっていて、面積は23haです。近隣の集落に近いところですので、売却の時には、口約束ではあるのですが、伐採したら必ず植林するなど山の保全に配慮するという約束を交わしました。

その後1年余り経ってから、業者は、売却した山の全体を一気に伐採しました。そして、数haほど植林はしましたが、それ以外はほったらかしの状態にしています。また、植林した部分の手入れも怠っています。

私は現地から離れた都市部に住んでいますが、たまには現地の集落を訪ねることがあり、その度に肩身の狭い思いをしています。何とか植林や手入れの約束を守らせる方策はないでしょうか。

A　約束をしたことの証拠がないと、約束を守らない相手に強制的に約束を守らせることは難しいでしょう。

どのような時に契約が成立するのか

契約は、当事者間の合意です。スギ山の売買契約は、売り主が「このスギ山を○○円で売ります」と言い、これに対して買い主が「では、それを買います」と言えば、契約書がなくても、有効に成立します。諸外国の中には、契約書を作成しないと有効に契約が成立しないという制度を採っている国もありますが、日本では、口頭での約束で契約が成立するのです。

Q　では、契約書は何のために作るのですか。

A　口頭での約束は形に残りません。そのため、後日になって、約束したという内容に当事者間で食い違いが生じたり、そもそも約束などしていないと争いになったりすることがあります。そのような時に書面があれば、契約内容はハッキリしますし、署名や押印があれば契約したこと自体を争うこともなくなります。要するに、契約書は後日のための証拠になるというわけです。

Q　契約には、条件を付けることができますか。

約束をする際には、口頭だけではなく証明となるような契約書等を準備しておくことが望ましい

A 条件も、当事者が合意しさえすれば、契約の内容となります。ご質問の場合には、あなたが「このスギ山のスギを伐採した時は、必ず植林するなど山の保全に配慮してくださいね」と言い、買い主である素材生産業者は「そのようにしますから、売ってください」と答えたことによって売買契約が締結されたということですから、そのような条件が付された契約が成立したということになります。

約束の効果

Q スギ山の保全をするという条件付きの売買契約が成立したということはわかりましたが、肝心の買い主がその約束を実行してくれないのです。そのような時に、私は何ができるのでしょうか。

A　買い主が約束に違反しているのですから、あなたは、買い主に対して、約束を実行するよう請求することができます。約束を守らないことを法律の世界では「債務不履行」と言っていますが、あなたは債務の履行を求めることができるということです。

債務を履行させる方法

Q　請求しても買い主が応じてくれない場合には、どうしたらよいのでしょうか。

A　債権者が請求しても債務者が応じない場合には、債権者は、その強制履行を裁判所に請求することによってこれを強制的に履行させることができることになっています（民法414条）。

例えば、金銭の支払いを請求する場合には、裁判所に、債務者の財産を差し押さえてその売却代金から支払いをさせるよう求めることになりますし、物の引渡しを請求する場合には、債務者から目的物を取り上げて債権者に渡すよう求めるということになります。

Q　私の場合は、買い主に強制的に植林させることができるということですか。

A　金銭の支払い、物の引渡しなどについては、その対象が債務者の財産、すなわち物ですから、債務者の意思を無視して実力行使しても、元々支払いをしたり、物を引き渡したりしなければならなかったのですから問題は生じません。

しかし、スギ山に植林をするというような一定の行為を債務者自身に強制的に履行させるということは、いやがる債務者を監視して強制的に労働させるということになってしまいます。これでは、いくら約束した債務を履行していない債務者であるとはいっても、その人の人格権を侵害することになりかねません。もし、その行為を他人が代わりに行っても目的を達成できる場合には、債務者に強制的に履行させるよりも、債務者の代わりに別の人に履行してもらい、かかった費用を債務者に負担させるほうがむしろ現実的だと言えます。

そこで民法は、そのような場合には、裁判所の命令により、その債務を第三者に履行してもらい、そのためにかかった費用を債務者から強制的に取り立てるという方法によることとしています。この方法を「代替執行」と言います。

スギ山に植林をしたり、植林後の手入れをしたりすることは、買い主である素材生産業者でなければできないという性質のものではなく、買い主の代わりに第三者に行ってもらうことができますから、この代替執行の方法によることになります。

代替執行を行うには

Q どのようにすれば、裁判所から代替執行の命令を出してもらえるのですか。

A 代替執行は、債務者が任意に履行しない債務について、債務者の意思に反しても履行させるという手続きです。そこで、裁判所に対しては、まず、債務者である買い主がスギ山を保全するという債務を負っていることを示さなければなりません。裁判所が強制的な命令を出すための根拠となるものですから、それに値するものということになり、実際には債務の履行を命ずる確定判決が代替執行の申立ての根拠になります。

したがって、代替執行の命令を出してもらうためには、まず、債務の履行を請求する訴訟を提起し、これに勝訴しなければなりません。本件の場合には、買い主に対して、スギ山の保全管理を行うよう請求する訴訟を提起して、「植林せよ」「手入れをせよ」という趣旨の勝訴判決を得た上で、代替執行の申し立てを行うということになります。

Q 訴訟を提起した場合、私が勝てる見込みはありますか。

A あなたが買い主に対して植林やその後の手入れをするよう請求したのに、買い主がこれに応じてくれないという場合には、訴訟を提起しても、買い主は、そのような約束をしたことはない、と否認する可能性が高いと思われます。その場合にあなたが裁判に勝つには、買い主との間でそのような約束をしたことについて、あなたの側で証明しなければなりません。約束の内容が記載された契約書があれば強力な証拠になるのですが、本件では、口約束だったということですので、双方の言い分が食い違い、いわゆる水掛け論になってしまうことも予想され、あなたの言う通りであることを証明することはかなり難しいかも知れません。

もっとも、契約書がなくても、契約の際に立ち会っていた仲介者や知人などがいた場合には、その人に証人になってもらうことが考えられます。また、約束した内容についてあなたが作成したメモや日記、買い主から来た手紙などが残っていたりすれば、それらは重要な証拠となります。さらには、通常は考えにくいことですが、録音が残っていることがあるかも知れません。契約書だけが証拠となるわけではありませんから、他の証拠となりそうな物や人を探し、それらを利用して証明することが可能かどうかをよく検討してください。

その他の制度、手続き等

Q **宅地から山林に地目変更をしたいのですが可能でしょうか？**

私が住んでいる村では過疎化が進み、徐々に廃屋が増え、このままでは将来人口が増える可能性があるとは思えません。そこで、自分が村内で所有する土地の地目が宅地なのですが、税金が高いので山林（あるいは農地）に変更したいと考えています。その場合、地目変更が可能なのかどうか、可能な場合はどんな条件があるのか教えてください。

A **地目変更は、土地の現況次第で可能ですが、変更した場合のメリットとデメリットをよく比較考量して、実行するかどうかを決めてください。**

はじめに

地目の変更をご希望とのことですが、地目には、「登記地目」と固定資産の評価に用いる「課税地目」の２種類があります。節税のために地目を変更したいというご相談ですので、課税地目の変更を中心にご説明します。

課税地目を変更するには

固定資産税は、固定資産の価格を基に算定される市町村が課税する税金です。その課税に当たって用いられるのが課税地目ですが、土地の現況に従って判断されるものであって、登記簿上の地目とは関わりがありません。課税地目としての農地または山林の定義は、市町村が作成した土地評価事務の取扱要領で決められています。多くの市町村では、農地とは、耕作の用に供されている土地で、農作物栽培のため、耕耘・整地・施肥・除草等の肥培管理が行われているものであると定義しています。また山林とは、耕作の方法によらないで竹木の生育する土地をいい、竹や木の生えていない鉱山や岩山、平地林も含むと定義されています。

お持ちの土地で既に農作物をお作りになっていたり、竹木が生育しているなど、農地または山林と認められる見込みがある状態になっている場合には、市町村役場の税務会計課にその旨を連絡なさってください。課税地目変更届といった書類を提出するよう求めるところや、電話連絡で済むところなど市町村によって手続きが異なりますが、最終的にはどの市町村でも担当者が現地調査をして地目変更が可能かどうかを判断します。市町村によっては、所有者から連絡がなくても、1月1日現在の航空写真を資料に判断をして課税地目を変更するところもあるようですが、市町村からの連絡を待っていたのでは遅くなりますから、ご自分から市町村に対して判断を求めることをお勧めします。

課税地目が農地または山林に変更された場合には、原則として、状況が類似する農地または山林が標準地に選ばれ、その価格を基準にして地目変更後の土地の評価額が算定されます。変更後の価格を基に課税されることになりますので、現在の宅地課税より安くなることが期待できます。

課税地目を変更しても節税効果が得られない場合

市街化区域にある農地または山林については、状況が類似する宅地等の評価額を基準として求めた価額から造成費を控除した金額が評価額になりますので、課税地目を農地・山林に変更しても、それほど固定資産税が安くならない結果となります。このような無駄を避けるために、まずは市町村の税務会計課に、お持ちの土地が市街化区域内かどうかを確認なさるのがよいでしょう。

農地法との関係

市町村によっては、農業委員会の農地証明を得ることを条件に課税地目の変更を認めることにしている例があります。農業委員会は、土地の状況が農地法上の「農地」に該ると認めた時に農地証明を出します。農地法上の「農地」とは、耕作、すなわち土地に労費を加え肥培管理を行って作物を栽培するという目的に供されている土地を言います。農業委員会は、実務上、家庭菜園のような規模のものを農地法上の「農地」とは認めないという取り扱いをしていますので、お気をつけください。

農地法上の「農地」であると認められた場合には、所有権の移転や賃借権などの権利を設定する場合には、農地法3条1項により、原則として農業委員会の許可が必要になります。また、農地を駐車場など農地以外の土地にする場合や、お孫さんのための住宅を建てたり、全くの第三者が農地を店舗や住宅の敷地として使う場合など、農地以外の目的に使用する、いわゆる農地転用をする時には、農地法4条1項または5条1項により、原則として都道府県知事の許可が必要になります。

なお、市街化地域における売買には農業委員会の許可を得る必要がないといった例外もありますので、管轄する農業委員会にご確認になることをお勧めいたします。

登記地目を変更するには

登記地目の変更は、管轄する法務局に登記地目の変更について登記申請書及びその添付書類を提出する方法で行います。登記申請書は、法務局に備え付けてありますが、インターネットからダウンロードすることもできます。登記申請書を正確に記載するために土地の全部事項証明書（昔の登記簿謄本のことです）を必ずご覧になってください。全部事項証明書は、法務局で入手することができるほか、郵送で取り寄せることもできます。

なお、農地として登記をすると、他の地目に変更する時に、農業委員会の許可が必要になります。登記地目を農地のまま売却しようとしてもなかなか売却先が見つからなかったり、地目変更に時間を要したりして、速やかに売買代金を手に入れることができなくなることがありますのでご注意ください。

Q 保安林指定された10 haのうちスギを皆伐した部分が1 haありますが、隣接雑木林からの種で雑木の成林が見込まれます。それでも保安林として植栽の義務が生じますか。

仲介の不動産業者から、スギの造林地が半分、残りが雑木林の約10 haほどの保安林に指定された山林を買ってほしいと言われています。スギの生育もよく、価格も手頃なので購入の方向で検討しています。ただ、5年程前にスギが皆伐され、そのまま放置されている区域が1 haほどあり、隣接した雑木林から種が供給され、雑木の幼木などが多数生えてきています。保安林では皆伐後に植栽が義務づけられていると聞いていますが、ここのように雑木により成林が見込まれる場合でも植栽が必要でしょうか。また、植栽義務に時効はないのでしょうか。購入した場合に、この皆伐跡地に植栽しなければならないなら、購入を止めようと思っています。

A 天然力によって雑木の森林が再生する見込みであれば、皆伐後の跡地への植栽は不要となると思われます。ただし、管轄する県庁の認識を確かめるようにしてください。

はじめに

保安林に指定されている森林の所有者は、皆伐を行った場合には原則として新たな植栽を行う義務を負います。もっとも、皆伐を行った山林が天然力で成林化することが十分に見込める時には、行政庁が山林所有者に対して植栽命令を行わないという実務の取り扱いもあるようですから、どのような場合に植栽を行わないでもよいことになるのか、見ていきましょう。

保安林とは

森林には、木材を供給するだけではなく、水をはぐくみ、災害を防ぎ、心に安らぎや潤いを与えるなどの機能があります。これらの機能を守り、豊かな国土を保持するために作られたのが、保安林の制度です。

保安林にはいくつかの種類がありますが、雨を蓄え、安定した川の流れを保ち、洪水や渇水を緩和する「水源かん養保安林」、木々の根が雨などによる表土の浸食や土砂の流出などを防いでいる「土砂流出防備保安林」、木々が地面を押さえ山崩れを防いでいる「土砂崩壊防備保安林」の3種類が代表例であり、平成23年3月31日現在、この3種類で保安林全体の91・5％を占めています。

森林を保安林に指定するのは、農林水産大臣または都道府県知事です。保安林指定がなされる場合には、その種類や森林保護のための中核になるルール「指定施業要件」が定められることになっています。この指定施業要件の内容としては、伐採の方法や限度、伐採後の植栽の方法、期間及び樹種などが定められます。

林野庁の公表資料によれば、平成29年3月31日現在、全国の森林のうち48・6％が保安林であり、その面積は国土面積の32・2％に当たります。非常に広範に指定がなされていることがわかります。保安林に指定された森林には、保安林であることを示す標識が立てられていますので、林業に携わっていなくても、山登りやハイキングの途中において大きく「保安林」と書かれた標識を見たことがある方は少なくないでしょう。保安林の制度は少し複雑ですが、保安林そのものは身近なものです。

保安林の樹木伐採について

森林の機能は、多数の樹木が生えていることで保たれるのですから、樹木が不用意に伐採されてしまっては、森林としての機能が崩れることになってしまいます。そのため、保安林においては、樹木の伐採が禁止されています。

保安林において皆伐を行おうとする時には都道府県知事の許可を受けなければいけません（森林法34条1項）。皆伐の許可を受けるためには、伐採方法が当該保安林の指定施業要件に適合していることや限度内の面積の伐採であることなどが要件になります。

また、許可がなければ皆伐をできないことにしておいても、一旦許可がなされて皆伐が行われた後はそのままでよいということでは、森林は減少していくばかりです。そこで、森林法34条の4は、「森林所有者等が保安林の立木を伐採した場合には、当該保安林に係る森林所有者は、当該保安林に係る指定施業要件として定められている植栽の方法、期間及び樹種に関する定めに従い、当該伐採跡地について植栽をしなければならない」と定め、皆伐の後には指定施業要件に従って植栽をしなければいけないとしています。植栽を義務づけることによって、保安林の保護を万全のものとしようとしているのです。

植栽義務の例外について

植栽義務には例外がありますが、人工的に皆伐がなされた場合については、明文で植栽義務を免除している規定は見当たりません。

森林所有者が植栽義務を無視して皆伐後の土地を放置しているような場合には、都道府県知事は、監督処分として、造林を命じることができます（森林法38条）。皆伐を行ったのが前所有者である場合であっても、新しい所有者は、植栽を行わなければならない地位を承継することになります（森林法3条）。

もっとも、林野庁計画課及び治山課は、この植栽義務について、平成19年2月付けの「森林法施行規則の一部を改正する省令案について（概要）」という公表書面において、「保安林のうち、人工林であるものについては、原則として、法第34条の4に基づき、森林所有者等がその立木を伐採した場合には当該伐採跡地への植栽義務が課せられているが、天然力を活用した更新を図るため、法第33条第1項の指定施業要件として定められた樹種の苗木と同等以上の天然木が存している場合には、当該部分の植栽を不要とする」という運用を行っていることに言及しています。これが、スギやヒノキなどの単層の造林地についても、樹木の伐採後、スギやヒノキを植樹しなくても、天然の力で森林が再生するのであれば、植栽命令を行わないという実務なのです。

天然の力に期待して植栽の義務を免れられるのか

あなたが購入を検討している森林のうち5年ほど前に皆伐がなされた区域については、天然力による雑木の成林が見込まれるということであり、原則として2年以内に植栽しなければいけないのに5年も経過していることを考えれば、天然力に期待できると判断されて先に紹介した実務の取り扱いに従って植栽命令が出されていない状況にあるのかもしれません。

もっとも、この実務は、森林所有者には植栽義務があることを前提にして、行政庁の裁量行為として、都道府県知事が監督命令を発令しないということに過ぎませんので、今後事情が変わり成林が見込めないことが明らかになった場合には、原則に立ち返り、植栽命令が出される可能性があります。ご質問の中に植栽義務に時効があるかどうかという点がありましたが、植栽義務には時効はありませんので、成林に至らず荒廃する可能性がある状況になれば、都道府県知事から造林命令が発令されることは十分に考えられます。

植栽しなければならないのであれば購入を止めることを検討しているということですから、改めて現地の状況を確認した上で、現地に対する県庁の認識がどのようなものなのか、確認してみてはいかがでしょうか。

Q　スギ林の間伐をするため、持山の中の使用されなくなった赤道を横切る作業路を作設したいのですが、何か手続きが必要でしょうか。

私の持山の中に赤道が入っています。かつては地域の人に利用されていましたが、ほとんど使われなくなってから30年以上たち、木が覆って通行ができなくなっています。近々、スギ林の間伐を行うため、作業路を作設したいと考えていますが、この赤道を横切る必要が出てきます。赤道は国有地扱いと聞いていますが、今後も地域住民の通行に使われる見込みはないので、通れなくなっても支障はないと思います。作業路を作設するには何か手続きが必要になるのでしょうか。無償で国から譲り受けできればありがたいのですが。

A　市町村窓口で国有地か公有地かを確認した上で、手続きをとる必要があります。無償で譲り受けるのは、困難であろうと思います。

赤道は国有地か

あなたの持山の中の「赤道」は、いわゆる里道のことですね。赤道という呼称の由来は、公図上に赤く塗られて表示されたことにあり、「赤地」「赤線」とも呼ばれます。

赤道は、かつては国有地でした。しかし、地方分権推進の一環として、平成12年に、当時里道として機能していた赤道は、市町村が国から譲与を受けることができるようになりました。この譲与手続は平成17年3月に一応終了し、それまでに譲与手続きがとられた赤道は公有地となって市町村が管理し、それ以外の赤道は国有地のままで、原則として財務省財務局が管理しています。国有林の中の里道などについては扱いが異なりますが、あなたの持山の中の赤道は、右に述べた通常の里道であると思われます。

右に述べたとおり赤道は国有地または公有地ですので、赤道を横切る作業路敷地として大して大きくない面積を使用するとしても、そのためには一定の手続きが必要となります。国有地と公有地とでは手続をとるべき役所が異なりますので、まず、国有地か公有地かを確認する方法を見てみましょう。

国有地、公有地のいずれなのかを確認する方法

譲与の対象とされたかどうかは、まずは市町村がどう判断したかによりますが、譲与手続から漏れたこともありえますので、その道の外観のみから判断することは困難です。

では、公図や登記簿はどうでしょうか。譲与された土地については市町村が表題部の所有者を市町村名義とする土地の表示登記の手続きをすることができますので、その手続がされた場合には、公有地であることが公図及び登記簿から確認できます。しかし、すべての里道についてて登記手続がなされたとは限らないため、公図や登記簿のみから判断することはできません。結局は、あなたの持山が所在する市町村の窓口に尋ねるのが簡便です。

作業路を付けるまでの手続き―その1　国有地の場合―

国有地か公有地かが判明した後の手続きを見てみましょう。はじめに、国有地の場合についてです。

①まず、無償で所有権を取得する方法として取得時効の援用が考えられます。取得時効というのは、相当長期間にわたって土地の使用を継続した場合に、その事実状態の継続を尊重して、無償で所有権を取得することを認めるものです。ところで、国有地については、公共の用に供されている限りは取得時効の対象にならず、明示または黙示に公用を廃止された後に取得時効の期間が開始すると解されています。具体的な手続きや基準については、財務局理財局長が発した「取得時効事務取扱要領」（平成13年3月30日財理第1268号）

という通達を参照してください。

では、あなたの場合に取得時効の援用が可能でしょうか。取得時効が認められるためには、所有の意思をもって使用を継続したこと（継続的な使用のことを、法律では「占有」と言います）が必要です。「所有の意思」とは、所有者と同じように物を排他的に支配しようとする意思のことをいい、そのような意思の有無は、占有者の内心ではなく、占有を開始した際の事情から客観的に判断されます。

ご相談の内容によれば、あなたは、だんだんと地域の人に使用されなくなった里道を木に覆われるがままに放置してきたという状態のように思われますので、所有の意思以前に、そもそも占有が認められないと考えられます。仮にあなたの持山の木が覆っていることをもって占有が認められるとしても、それだけで所有の意思が認められることは難しいでしょう。

②次に、有償での取得ですが、譲り受けに当たっては、その範囲を明確にするために、まず財務局に対して境界確定手続を申請する必要があります。境界が確定されれば、財務局に対して売払申請をすることができます。国民共有の財産を譲り受けるわけですから、周辺の取引事例価格などを考慮した時価によって有償で譲り受けることになります。

作業路を付けるまでの手続き―その2　公有地の場合―

市町村に譲与された赤道は、「法定外公共物」として市町村が管理しています。「法定外」とは、道路法や河川法などの特別法の適用がないという意味です。法定外公共物は、「行政財産」（地方自治法第238条3項、4項）に該当し、その管理は、同法及び条例に基づいてなされています。

①市町村は、私人に対して、行政財産の使用を、その用途または目的を妨げない限度において許可することができます（同法第238条の4第7項）。本件の場合、赤道を横切る作業路の作設は赤道の通行を妨げますから、使用許可がされないことも考えられます。しかし、既に赤道は使用されなくなって相当期間が経過し、木が覆っているということですから、使用許可を受けられる可能性もあるでしょう。市町村を尋ねる時に、どうぞそのあたりをよく説明してください。

②では、譲り受けはどうでしょうか。市町村は、原則として、行政財産を私人に対して譲渡することができず（同法第238条の4）、私人に対して譲渡するためには、用途廃止して普通財産とする必要があります（同法第238条の5）。「用途廃止」というのは、公物としての機能を失って公共の用に供する必要がなくなった公物について、公物としての性質を喪失さ

せる行政行為を指します。そこで、あなたが譲り受けるためには、まず用途廃止の申請をし、そのうえで境界確定と払い下げの申請をする必要があります。

なお、公有地の場合にも、一般論としては時効取得が可能です。しかし、譲与手続がとられたということは、その時点では用途廃止されていなかったわけですから、本件の場合に現時点で取得時効を主張することはできないでしょう。

以上の通り、手続きが複雑ですし、手続きの際には図面などを提出する必要もありますから、具体的な手続きについては財務局または市町村担当課とよく相談しながら進めてください。手続きには時間がかかりますから、間伐作業に間に合うように早めに準備をされるのがよろしいでしょう。

紛争予防と解決法

Q 隣接の山林主と境界でもめており、話し合いも応じてくれません。法的に解決するにはどのような方法がありますか。それに要する費用の目安も含めて教えてください。

近年では車や携帯電話、カメラなどでも普及が進んでいるGPS（全地球測位システム）ですが、林業の世界でもかなり普及し、精度が向上していると聞きました。誤差は、条件にもよりますが精度は数10cm、正確さ（真の座標からのずれ）は数m以内ということも聞いています。

そこで教えていただきたいのは、谷、尾根などの主要な地点を明確にした上で境界を計測したGPSデータは、係争となったときに対抗手段と成りうるのかどうかということです。これが有効であれば、一度境界を確定すれば木杭の打ち直し、境界刈り払いなどを行う必要がなく、安価な森林管理の手段になると考えています。

A

GPSの位置データは、山林の境界争いが生じた際には有効な資料の1つと言えますが、必ずしもそれだけで十分なものとは言えません。

境界確定の必要性

山林に限らず、土地を所有する上で避けて通れないのが、隣地との境界の問題です。隣地の所有者と長年よい関係を保っている場合には、普段境界のことを意識することはないでしょうが、どちらかの土地に売買の話が持ち上がった場合や、どちらかの土地の所有者が亡くなって相続が開始された場合などには、どこからどこまでが自分の土地であるかをはっきりさせる必要が出てきます。土地を所有していれば、結局は、いずれかの時点で境界をしっかり確定する必要があるのです。

境界確定の方法

そこで、境界が不明確な場合には、何らかの方法で境界を明確にしなければならないわけですが、自分の土地と隣地とを隔てる境界線がどこにあるのかを正確に知ることは、実は必ずしも容易なことではありません。

市町村等の地方自治体が実施する地籍調査によって、地籍図または14条地図と呼ばれる正確な地図が作成されて法務局に備え置かれている地域であれば、14条地図と現地の状況を対照すれば正しい境界線がわかります。しかし、この14条地図が作成されているのは、現在のところ全国の半分程度に過ぎません。

14条地図が作成されていない地域では、公図と呼ばれる明治時代に作成された地図がいまだに使われているのですが、当時の測量技術の未熟さなどから、公図は、土地の形状・面積等の点で不正確であることが往々にしてあります。その上、山林については、その公図すら十分に作成されていないことも珍しくありません。

このような場合には、公図の他に、問題になっている土地に関する過去の資料、過去の事情に詳しい近隣住民から得た情報、航空写真、測量データ等を突き合わせて境界を導き出し、双方の土地所有者が協議して境界を確定することになります。この作業にはある程度の期間と費用が必要になりますので、二の足を踏んでおられる方もいらっしゃると思います。

しかし、特に山林については、過疎化の影響で山林の事情に精通した人物が少なくなるなど、境界を確定する材料が乏しくなってきていますので、所有している山林の境界がはっきりしない場合には、早めに境界を確定しておくことをお勧めします。

境界の保存

いろいろな方法を講じて境界を確定させたら、将来的にも境界が明確にわかるようにしておかなければなりません。具体的には、市街地の場合であれば、双方の土地の所有者の間で境界の図面を沿えた境界確定書を取り交わすとともに、境界の要所要所に境界標としてコンクリートや金属製の杭を打ち込むのが一般的です。

これに対して、山林の場合には、市街地の土地よりも面積が大きく、境界線も市街地よりははるかに長くなるのが通常ですので、市街地の場合のような境界標は必ずしも実用的ではありません。そこで、山の稜線、谷筋、川といった地形や、道路、水路等を基準にしたり、特定の樹木・岩を目印にしたりして境界を確定することがあります。しかし、これらは土砂崩れ等の災害や土木工事によって姿が変わってしまうことも多く、確実なものとは言えません。

また、土を盛り上げた土塚に杭を打ち込んで境界標にしたりすることもありますが、手入れを怠れば周囲の植物が成長して埋もれてしまいますし、普段は目の届かない山林の中のことですので、誰かが勝手に境界標を動かしてしまってもなかなかわからないのが実情です。

そこで、将来にわたって山林の境界を確定するための手段の1つとして考えられるのが、GPSです。

GPSと山林の境界保存

カー・ナビゲーション・システムや携帯電話などに使用されていることでおなじみのGPSは、グローバル・ポジショニング・システム（Global Positioning System）の略語で、アメリカの軍事技術を民間に一部開放したものです。地球上空を周回している複数の人工衛星から発信されている軌道情報・時刻情報等を専用の受信機で受信し、各衛星と受信地点との距離を計算することによって、受信地点を緯度・経度で特定することができます。

このGPSを用いて測定した位置データは、自然の地形のように災害や工事によって影響を受けるものではなく、杭などによる境界標のように誰かが勝手に動かせるものでもありませんので、土地の境界を確定する上で大いに有効です。具体的には、隣接する土地の所有者間で境界線について合意したら、先に述べたような山の稜線、谷筋といった境界線上の主要な地点をGPSで測定し、その緯度・経度を記録した地図を添付した境界確定書を隣地所有者との間で取り交わしておけばよいのです。そうすれば、たとえ将来的に地形が変化するなどして境界争いが発生したとしても、境界確定書に記載されている緯度・経度に基づいて境界線を復元することができます。

ＧＰＳデータを利用する際の注意点

このように、ＧＰＳの位置データは役に立つものですが、気をつけなければならないのは、データの正確性です。ＧＰＳ用に人工衛星から発信されている情報には、米軍専用の暗号化されたものと、受信機があれば誰でも受信できる民間用のものの２種類あり、米軍専用のものに基づく位置測定の誤差は20～30㎝以内なのに対し、民間用のものによる測定の誤差は数ｍ程度と言われています。また、ＧＰＳデータの精度は、測定方法、測定地点周辺の地形、受信機の性能などによってもかなり違ってくるようです。したがって、素人が簡易的な受信機で測定したＧＰＳデータを用いて境界を確定しても、その精度は高いとは言えず、後々争いとなったときに、必ずしも有効な資料とならない可能性があります。

将来にわたって境界争いを避けるには、精度の高いＧＰＳ受信機を装備しており、実績もある測量会社に依頼して、できる限り正確に位置を測定してもらう必要があります。その上で、境界確定書に記載されたＧＰＳデータが信頼に足る方法で測定されたものであることを示すために、位置測定結果に関する測量会社の報告書を添付したり、測量会社名、測量方法、使用機器等を記録しておくのがよいでしょう。

総合的な対策の必要性

ＧＰＳデータは、土地の境界を確定するために有効な手段の１つであることは確かです。しかし、いかに正確に位置を測定するように努力したとしても、数10cm～数ｍの誤差が生じうる以上は、やはりＧＰＳデータを過信するのは禁物です。一旦紛争が起きれば、相手方は、そのようなＧＰＳデータの不確かさを主張するでしょう。そのような主張に対して、現在のＧＰＳデータだけで対抗することは困難と言わざるを得ません。したがって、土地の境界を巡るトラブルにおける有効な対抗策としては、単にＧＰＳデータを記録しておけばよいというものではなく、やはり現地に何らかの目印になるような境界標を設けて、ある程度定期的に手入れするなど、総合的な対策が必要ということになります。

Q 超長伐期の森林にしていきたいのですが、そのような委託契約は可能なのでしょうか。

文化財の修理に要する大径材の供給がわが国では困難になっていると聞いています。奈良の興福寺の中金堂の再建に遠くアフリカのカメルーンの木が使われたとの新聞記事を見ました。

そこで、私の所有する30年生のスギ、ヒノキ人工林を２００年生になるようにしていきたいと思いますが、後継者にその旨を引き継ぐにしても何代にもわたることから実際になるかが心許なく思います。そのため、公的な機関と施業委託契約をしてその機関に超長期の施業を継続していただけないかと考えます。ただし、私の念頭に浮かぶのは森林組合であり、森林組合に委託し、大まかな施業方針に沿って適時に間伐を繰り返してもらいながら200年生の森林が出来上がるようにしていきたいと念じます。経費の支払い等いろいろな議論があると思いますが、そもそも、法律的にこのような超長期の委託契約が可能かどうかお教えください。

A　委託契約を締結するのは理論的には可能ですが、実際に相手方が応ずるか、長期に継続できるかなど困難な問題があります。

はじめに

神社仏閣やその他の文化財に使用されるような大径材の供給源が国内には無くなりつつあるという話は、最近よく聞かれるようになりました。20年毎に遷宮を行う伊勢神宮は、必要なヒノキの大径木の生育に自ら取り組んでいるそうですが、そのようなことが全ての神社や仏閣でできる訳ではありません。

ご相談者は、個人と森林組合との契約によって今後170年をかけて大径木の生育に取り組もうとされているようですが、このような契約を締結することは可能なのか、契約が締結できたとしても間違いなく170年間この契約を存続させることができるのか、検討してみましょう。

どのような類型の契約になるのか

林業の施業においては、いかに計画的に下草刈りや枝打ち、間伐を行っても、天候不順や虫害など不測の事態の発生も考えられますから、必ずしもよい木が育つとは限りません。200年間にわたる施業となればなおさらでしょう。樹齢30年の木を170年後に大径木へと生育させることを約束しても、その約束どおりの結果を実現することができるかどうかは不確実であると言わざるを得ません。このようなことから考えますと、ご相談者と森林組合との契約は、樹齢200年の大径材の生産という結果を目的とする契約ではなく、その時々の判断によって今後170年間樹木の生育のための施業を行うこと自体を目的とする契約であると考えるのが最も実態に合っていると思います。

このような、結果ではなくて「業務を行ってもらうこと自体」を目的とする契約は、準委任契約（民法656条）ということになります。

契約の締結は可能か

では、期間が170年にも及ぶような準委任契約を締結することは可能なのでしょうか。期間が170年と極めて長いという点で異例ではありますが、契約の内容は、最初から不可能なことを目的としているわけではありませんし、公序良俗に反するような内容でもありません。したがって、当事者が真実そのような契約を締結する意思を持っていれば、有効に契約は締結できると考えられます。

森林組合は契約締結に応ずるか

森林組合として契約を締結することにするかどうかは、理事会が判断することになるでしょう。ご心配のように、経費をいくらと見込み、その支払いをどう確実なものとするかなど考慮すべき事項は多々ありますが、理事は、何よりも契約の締結が森林組合にとって不利益とならないよう配慮しなければなりません。170年という極めて長期の義務を負うことになる契約の締結が森林組合にとって不利益にならないのかという判断は容易ではありませんので、森林組合にとって余程の好条件でなければ締結するとの決断は難しいでしょう。

170年間契約を存続させることができるか

契約を締結できた場合について考えてみましょう。準委任契約は、当事者間の個人的な信頼関係を基礎とする契約であるとされています。そこで、当事者が死亡した場合には、その信頼していた相手がいなくなるのですから、準委任契約は当然に終了すると定められています（民法653条1号）。また、準委任契約は、各当事者が、いつでも解除をすることができるとされています（民法651条1項）。

本件においても、これらの定めの適用があるのが原則です。

ところで、裁判所は、次のような事案については、当事者の死後も契約は終了しないと判断しました。死期の近い高齢者が、死後の諸費用の支払いや葬式を含む法要等の施行を委任して、受任した人に現金等を交付しました。その後委任者が死亡したところ、その相続人が、委任者の死亡によって準委任契約は当然に終了したと主張して、受任者に対して受領した現金等を返還するよう求めて裁判になりました。裁判所は、このような準委任契約は、委任者の死亡によってその契約を終了させない旨の合意を含むものであるとか、契約の履行継続が不合理と認められる特段の事情がないとかという理由で、委任者の死亡によって当然に契約が終了するものではないと判断しました（最判平成4年9月22日、東京高判平成21年12月21日）。

それでは、今後170年間契約が続くという本件ではどうでしょうか。ご相談者が自らの死後も契約を存続させたいという意思であることは明白です。ところで、170年間に登場する相続人は、おそらく4～5代にわたると思われます。それだけの相続人全員が契約に拘束されるとしたら、長期にわたって森林組合に施業の対価の支払いを続けなければならない一方で、相続した自分の土地を自由に使うことができないだけでなく、170年目に所有している相続人以外の者は、その土地の生育した立木の売却による収入も得られませんから、その負担は極めて重いと言わざるを得ません。したがって、相続人にとって契約の継続が不合理と認められる特段の事情があると考えられますから、この準委任契約を相続人が解除することは制限されないということになると思われます。

負担付き遺贈の方法

相続人の解除権を制限する方法として、遺言によって、負担付き遺贈をするという方法が考えられます。相続人またはそれ以外の者に対して、大径木を生育する土地・立木に加え、現金等を遺贈する代わりに、先に述べた準委任契約を解除することなく森林組合が適切な施業を行うように管理監督をするという負担を負わせるという方法です。ところが、遺贈には様々な難点があります。①遺贈されたものの価額を超えない限度でのみ負担した義務を履行する責任を負うとされていること、②受遺者は、遺言者の死亡後、いつでも遺贈の放棄をすることができること、③受遺者が遺贈者より先に死亡したときは、遺贈は無効となること、などです。

さらに問題なのは、170年間ご相談者が望んだ状態を保たなければ意味がありませんから、ご相談者に続く4～5代の相続人の全員が、ご相談者と同じやり方を継続しなければならないという点です。しかし、自分と同じ内容の遺言を残せと相続人、特に孫や曾孫に強制することは不可能と言わざるを得ません。

その他の問題

契約は当事者が存在するからこそ存続するものですので、承継人なくして当事者がいなくなれば、契約は当然に消滅します。もし、将来、森林組合が解散等の事由によって消滅すれば、準委任契約が締結されていたとしても契約が消滅する危険があります。

結論

森林組合が契約の締結に応じるか、契約を締結した場合にその後170年間契約を存続させることができるのか、遺言で対処できるかなどについて検討してきましたが、法律や契約によって多くの人や団体を義務づけてご相談者の希望を実現するのは難しいと言わざるを得ません。

このように考えたときには、多くの人が大径木育成の必要性に気づき、その必要性を実現しようという方向に人々の意識が変わるよう運動していくことも、1つの方策として考えなければいけないのかも知れません。林野庁が行っている「古事の森」という取り組みが、その一例です。この取り組みは、作家の故・立松和平氏が提唱したもので、国有林で400年をかけて大径木を育てようというものですが、既に国内10カ所で行われています。ご相談者はご自身の土地での大径木の生育を考えていらっしゃいますので、「古事の森」の取り組みとは事情は異なりますが、地域を巻き込んで新たな取り組みができないか、森林組合と相談してみてはいかがでしょうか。

Q　今にも崖崩れが起きそうな自宅裏山の所有者に、予防措置をとってもらうことは可能でしょうか。

自宅が建っているすぐ裏の山が、今にも崖崩れしそうで大変気になっています。急斜面の上は竹林と雑木林で、竹の根でなんとか土石を押さえて耐えている状態です。昨年も県内で豪雨による大災害があったばかりで、豪雨の度にいよいよ裏山が崩れるのではと恐怖を感じています。山林所有者の方には何とか予防処置をとっていただきたいのですが、円滑に話がまとまるとは考え難く、角がたちそうでなかなか口に出せません。行政にお願いすれば何とかなるものなのか、それが無理ならどのようにしたらよいのかアドバイスをお願いします。

A　その急斜面が急傾斜地崩壊危険区域に指定されていれば自治体と、指定されていなければ所有者（管理者）と、交渉することになります。

誰に予防措置を求めるか

急斜面になっている山や崖は崩壊すると付近に住む人の生命や財産に甚大な被害を及ぼすこ

とがあります。そのような災害から国民の生命を保護するため、「急傾斜地の崩壊による災害の防止に関する法律」が制定され、災害の防止に向けた方策を採ることが図られています。たとえば、急傾斜地が私有地であっても、その法律によって急傾斜地崩壊危険区域に指定されている場合には、都道府県知事は、所有者や管理者に対し、急傾斜地の崩壊を防止するために必要な措置をとるよう勧告したり（同法9条3項）、一定の場合には都道府県が自らその措置を行うことができることになっています（同法12条1項）。

しかし、裏山が急傾斜地崩壊危険区域に指定されていない場合には、所有者や管理者に対して交渉するほかありません。所有者（管理者）は、私人であることもあれば、国や県であることもあります。

以上の通りですから、まず、あなたの自宅が所在する自治体の砂防課や相談窓口を尋ねて、裏山が急傾斜地崩壊危険区域に指定されているかどうかを確認し、指定されている場合には自治体に対して予防措置の講じ方について相談なさるのがよいと思います。また、危険区域に指定されていない場合には、裏山の所有者が誰であるかを確認し、所有者（管理者）と交渉することになります。

所有者（管理者）にどのようなことを要求するか

自治体の担当者に相談したり、予防措置を講ずるよう要求したりする場合は、あなたの希望を率直に述べて対応を求めればよいので、あなたがご自身で対応するのにさして困難は感じないと思います。しかし、裏山の所有者が私人である場合には、あなたが心配なさっているように、円滑に交渉が進まないこともあるかも知れません。そこで、所有者が私人である場合についてご説明をします。

①基本的な権利

自宅の裏山が今にも崖崩れを起こしそうな状態なので、あなたは、豪雨の度に、いよいよ裏山が崩れるのではと恐怖を感じているとのことですね。それが実情であれば、あなたの生命・身体、財産に損害が生じる「差し迫った危険」がある状態と考えられます。そうであれば、誰もが、現実に侵害状態が生じるよりも前に予防してもらいたいと考えるでしょう。このような場合には「（自宅の）所有権に基づく妨害予防請求権」を行使して、裏山の所有者（管理する者が所有者と異なる場合には管理者も含みます）に対して、崖崩れが生じないよう予防措置を講じてもらいたいと請求することが可能であるとされています。

②求める措置の具体的内容

予防措置としてどのような工事をしたらよいかというような専門的なことがらは、土木の専門家（工事業者など）に現場を確認してもらって意見をもらう必要があると思います。問題は、そのような工事にかかる費用の負担です。所有者に予防措置を講ずるよう要求できる場合に該るとすれば、費用は全額所有者に負担を求めることになるでしょう。交渉が難航する場合には、あくまであなたの選択によりますが、応分の負担をすることを考えても良いかも知れません。なお、予防措置に対して補助金を支給している自治体もあるようですから、自治体の窓口に相談してみてください。

交渉の具体的な方法

①通常の手続き

あなたは、円滑に話がまとまるとは考え難く、角がたちそうでなかなか口に出せないという理由で、裏山の所有者と直接に交渉するのは無理と思っておられるようですね。そうであれば、弁護士か知人に代理を頼むしかないでしょう。

代理人が交渉しても話がまとまらないときは、やむを得ませんから裁判という手続きを採ることになります。具体的には、訴訟を提起して、請求を認める判決を受け、その判決が確定した後に、強制執行の手続きへと移行することになります。

②緊急に対処する必要がある場合

ご相談のケースでは、今にも自宅の裏山の崖が崩れるおそれがあるということですので、あなたの生命・身体や財産が危険にさらされていて、それを避ける緊急性が高いのかも知れません。そのような場合には、判決確定前であっても強制執行を行うことができる「仮処分」を申請することも考えられます。ご相談のケースでは、仮処分の手続きにおいて双方から事情を聴く「審尋」が行われることになりますが、結論は、通常の裁判よりもはるかに短期間で出されます。

以上いずれの手続きをとるのがよいかは、事案の具体的内容によって異なりますので、一度弁護士にご相談なさることをお勧めいたします。

全国の弁護士会一覧

	名　　称	住　　　所	電話番号
北海道	札幌弁護士会	〒060-0001 札幌市中央区北一条西 10 丁目 札幌弁護士会館 7F	011-281-2428
	函館弁護士会	〒040-0031 函館市上新川町 1-3	0138-41-0232
	旭川弁護士会	〒070-0901 旭川市花咲町 4	0166-51-9527
	釧路弁護士会	〒085-0824 釧路市柏木町 4 番 3 号	0154-41-0214
東北	仙台弁護士会	〒980-0811 仙台市青葉区一番町 2-9-18	022-223-1001
	福島県弁護士会	〒960-8115 福島市山下町 4-24	024-534-2334
	山形県弁護士会	〒990-0042 山形市七日町 2-7-10 NANA BEANS 8 階	023-622-2234
	岩手弁護士会	〒020-0022 盛岡市大通 1-2-1 岩手県産業会館本館（サンビル）2 階	019-651-5095
	秋田弁護士会	〒010-0951 秋田市山王 6-2-7	018-862-3770
	青森県弁護士会	〒030-0861 青森市長島 1 丁目 3 番 1 号 日赤ビル 5 階	017-777-7285
関東	東京弁護士会	〒100-0013 千代田区霞が関 1-1-3 弁護士会館 6 階	03-3581-2201
	第一東京弁護士会	〒100-0013 千代田区霞が関 1-1-3 弁護士会館 11 階	03-3595-8585
	第二東京弁護士会	〒100-0013 千代田区霞が関 1-1-3 弁護士会館 9 階	03-3581-2255
	神奈川県弁護士会	〒231-0021 横浜市中区日本大通 9	045-211-7707
	埼玉弁護士会	〒330-0063 さいたま市浦和区高砂 4-7-20	048-863-5255
	千葉県弁護士会	〒260-0013 千葉市中央区中央 4-13-9	043-227-8431
	茨城県弁護士会	〒310-0062 水戸市大町 2-2-75	029-221-3501
	栃木県弁護士会	〒320-0845 宇都宮市明保野町 1 番 6 号	028-689-9000
	群馬弁護士会	〒371-0026 前橋市大手町 3-6-6	027-233-4804
	静岡県弁護士会	〒420-0853 静岡市葵区追手町 10-80 静岡地方裁判所構内	054-252-0008
	山梨県弁護士会	〒400-0032 甲府市中央 1-8-7	055-235-7202
	長野県弁護士会	〒380-0872 長野市妻科 432	026-232-2104
	新潟県弁護士会	〒951-8126 新潟市中央区学校町通一番町 1 新潟地方裁判所構内	025-222-5533

	名　称	住　所	電話番号
中部	愛知県弁護士会	〒460-0001 名古屋市中区三の丸 1-4-2	052-203-1651
	三重弁護士会	〒514-0032 津市中央 3-23	059-228-2232
	岐阜県弁護士会	〒500-8811 岐阜市端詰町 22	058-265-0020
	福井弁護士会	〒910-0004 福井市宝永 4-3-1 サクラＮビル７階	0776-23-5255
	金沢弁護士会	〒920-0937 金沢市丸の内７番 36 号	076-221-0242
	富山県弁護士会	〒930-0076 富山市長柄町 3-4-1	076-421-4811
近畿	大阪弁護士会	〒530-0047 大阪市北区西天満 1-12-5	06-6364-0251
	京都弁護士会	〒604-0971 京都市中京区富小路通丸太町下ル	075-231-2378
	兵庫県弁護士会	〒650-0016 神戸市中央区橘通 1-4-3	078-341-7061
	奈良弁護士会	〒630-8237 奈良市中筋町 22 番地の１	0742-22-2035
	滋賀弁護士会	〒520-0051 大津市梅林 1-3-3	077-522-2013
	和歌山弁護士会	〒640-8144 和歌山市四番丁５番地	073-422-4580
中国	広島弁護士会	〒730-0012 広島市中区上八丁堀２番 73 号	082-228-0230
	山口県弁護士会	〒753-0045 山口市黄金町 2-15	083-922-0087
	岡山弁護士会	〒700-0807 岡山市北区南方１丁目８番 29 号	086-223-4401
	鳥取県弁護士会	〒680-0011 鳥取市東町２丁目 221 番地	0857-22-3912
	島根県弁護士会	〒690-0886 松江市母衣町 55 番地４ 松江商工会議所ビル７階	0852-21-3225
四国	香川県弁護士会	〒760-0033 高松市丸の内 2-22	087-822-3693
	徳島弁護士会	〒770-0855 徳島市新蔵町 1-31	088-652-5768
	高知弁護士会	〒780-0928 高知市越前町 1-5-7	088-872-0324
	愛媛弁護士会	〒790-0003 松山市三番町 4-8-8	089-941-6279
九州	福岡県弁護士会	〒810-0043 福岡市中央区城内 1-1	092-741-6416
	佐賀県弁護士会	〒840-0833 佐賀市中の小路 7-19	0952-24-3411
	長崎県弁護士会	〒850-0875 長崎市栄町 1-25 長崎 MS ビル４階	095-824-3903
	大分県弁護士会	〒870-0047 大分市中島西 1-3-14	097-536-1458
	熊本県弁護士会	〒860-0078 熊本市中央区京町 1-13-11	096-325-0913
	鹿児島県弁護士会	〒892-0815 鹿児島市易居町 2-3	099-226-3765
	宮崎県弁護士会	〒880-0803 宮崎市旭 1-8-45	0985-22-2466
	沖縄弁護士会	〒900-0014 那覇市松尾 2-2-26-6	098-865-3737

北尾哲郎　きたお・てつろう

■ ■ ■

弁護士。1945 年、満州大連市生まれ。
68 年、東京大学法学部を卒業後、78 年、弁護士登録。
83 年、北尾哲郎法律事務所開設。97 年、岡村綜合法律事務所パートナー。現在、各種会社取締役・監査役。
この間、第一東京弁護士会副会長、日弁連民事訴訟法改正問題研究委員会副委員長、第一東京弁護士会財務委員会委員長などを歴任する。

主な取り扱い事件としては、日航羽田沖事件、御巣鷹山事件、オクト破産管財事件、第一勧業銀行利益供与事件・同代表訴訟事件、山一証券利益供与事件、山一証券商法および証券取引法違反事件・同代表訴訟事件などがある。

2006 年 9 月号より月刊『現代林業』誌上で、「法律相談室」の執筆を行っている。

www.okamura-law.jp

林業改良普及双書 No.190

『現代林業』法律相談室

2019年3月1日　初版発行

著　者 —— 北尾哲郎
発行者 —— 中山　聡
発行所 —— 全国林業改良普及協会
〒107-0052 東京都港区赤坂 1-9-13 三会堂ビル
電 話　03-3583-8461
FAX　03-3583-8465
注文FAX　03-3584-9126
H P　http://www. ringyou. or. jp/

装　幀 —— 野沢清子（株式会社エス・アンド・ピー）
印刷・製本 — 株式会社シナノ

ISBN978-4-88138-367-4

一般社団法人　全国林業改良普及協会（全林協）は、会員である都道府県の林業改良普及協会（一部山林協会等含む）と連携・協力して、出版をはじめとした森林・林業に関する情報発信および普及に取り組んでいます。

全林協の月刊「林業新知識」、月刊「現代林業」、単行本は、下記で紹介している協会からも購入いただけます。

www.ringyou.or.jp/about/organization.html
＜都道府県の林業改良普及協会（一部山林協会等含む）一覧＞

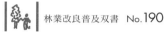

林業改良普及双書　既刊

192 これから始める原木乾シイタケ栽培
大分県農林水産研究指導センター 林業研究部きのこグループ 著
原木シイタケの先進地・大分県の入門書を元に、経験の浅い方でも栽培や経営方法をわかりやすく紹介した技術読本。

191 丸太価値最大化を考える「もったいない」のビジネス化戦略
遠藤日雄・吉田美佳・全林協 著
「もったいない」の発想で、現場の技術、効率化、売り方の工夫など、丸太価値最大化を実現する解説・実証例を紹介。

190 『現代林業』法律相談室
北尾哲郎 著
月刊「現代林業」に掲載された法律相談室の双書化。弁護士の著者が森林・林業の様々な法律問題に丁寧に回答。

189 続・椎野先生の「林業ロジスティクスゼミ」IT時代のサプライチェーン・マネジメント改革
椎野 潤 著
今何をすべきか、厳しい道を進む先進事例（企業例）から、成長への考えや手法の基本を学ぶ。既刊NO.186の第二弾。

188 そこが聞きたい山林の相続・登記相談室
鈴木慎太郎 著
山林相続や登記（名義変更等）、譲渡、家族・親族への民事信託など、司法書士の著者がQ&A方式で解説。

187 感動経営 林業版「人を幸せにする会社」―長寿企業に学ぶ持続の法則
全林協 編
元気な経営を維持しつつ雇用を守り続け、地域にも利益をもたらす―そんな長寿企業の事例から、持続の秘訣を探る。

186 椎野先生の「林業ロジスティクスゼミ」ロジスティクスから考える林業サプライチェーン構築
椎野 潤 著
ロジスティクスの視点でみる、サプライチェーン・マネジメントの効用。わが国の林業の未来戦略を読み解く。

185 「定着する人材」育成手法の研究―林業大学校の地域型教育モデル
全林協 編
若い人材育成と定着を目標に、教育機関ではカリキュラムの工夫や特色を打ち出し、地域と一体となって取り組む事例を紹介。

184 主伐時代に備える―皆伐施業ガイドラインから再造林まで
全林協 編
皆伐施業の意味を知り、林業を持続させるための再造林について各地域の活発な事例を紹介。

※定価／No.175～192：本体1,100円+税

183 林業イノベーション ―林業と社会の豊かな関係を目指して
長谷川尚史 著
林業の技術、システムや流通、それらのデータや分析など、日本林業のイノベーションの方向性と効果を分析し、整理した一冊。

182 木質バイオマス熱利用でエネルギーの地産地消
相川高信、伊藤幸男ほか 共著
地域の材と人材で地域に熱エネルギーを供給するという新たな産業の、事業から個別施設での事業化など実践例を紹介。

181 林地残材を集めるしくみ
酒井秀夫ほか 共著
林地残材を効率よく集荷し、地域レベルで利活用する。事業化や行政の支援など、実践事例を紹介。

180 中間土場の役割と機能
遠藤日雄、酒井秀夫ほか 著
造材・仕分け、ストック、配給、在庫調整、管理組織整備による価格交渉、与信、情報共有の機能を各地の事例から紹介。

179 スギ大径材利用の課題と新たな技術開発
遠藤日雄ほか 著
大径材活用の方策と市場のゆくえを整理し、「積層接着合わせ梁材」等、各地で進む新たな木材加工技術開発を探る。

178 コンテナ苗 その特長と造林方法
山田 健ほか 著
期待されるコンテナ苗。その特長から育苗方法、造林方法、省力・低コスト造林の手法まで理解する最新情報をまとめた。

177 協議会・センター方式による所有者取りまとめ ―森林経営計画作成に向けて
全林協 編
協議会・センターなどの地域ぐるみの連携組織で、取りまとめや集約化、森林経営計画作成等を行う効率的実践手法。

176 竹林整備と竹材・タケノコ利用のすすめ方
全林協 編
放置竹林をタケノコ産地、竹材・竹炭・竹パウダー、整備を行い市民のフィールドとして活用する等の事例を紹介。

175 事例に見る 公共建築木造化の事業戦略
全林協 編
予算確保、設計・施工工夫、耐火、設計条件規制のクリアなど、公共建築物の木造化・木質化に見る課題と実践ノウハウ。